湖北省安全生产科技专项资金资助

非煤矿山地下开采水患灾害监测预警及防治技术

FEIMEI KUANGSHAN DIXIA KAICAI SHUIHUAN ZAIHAI
JIANCE YUJING JI FANGZHI JISHU

曾 旺 乐 应 谢晓军 赵云胜 陈 杉 陈会林 著

图书在版编目(CIP)数据

非煤矿山地下开采水患灾害监测预警及防治技术/曾旺等著. —武汉:中国地质大学出版社,2022.8

ISBN 978-7-5625-5395-3

Ⅰ.①非⋯　Ⅱ.①曾⋯　Ⅲ.①矿山开采-地下开采-矿山水灾-灾害防治-研究　Ⅳ.①TD 745

中国版本图书馆 CIP 数据核字(2022)第 160233 号

非煤矿山地下开采水患灾害监测预警及防治技术	曾　旺　乐　应　谢晓军	著
	赵云胜　陈　杉　陈会林	

责任编辑:张旻玥	责任校对:张咏梅

出版发行:中国地质大学出版社(武汉市洪山区鲁磨路 388 号)	邮编:430074
电　　话:(027)67883511　　传　　真:(027)67883580	E-mail:cbb@cug.edu.cn
经　　销:全国新华书店	https://cugp.cug.edu.cn

开本:787 毫米×1 092 毫米　1/16	字数:212 千字	印张:8.25
版次:2022 年 8 月第 1 版	印次:2022 年 8 月第 1 次印刷	
印刷:武汉市籍缘印刷厂		
ISBN 978-7-5625-5395-3		定价:58.00 元

如有印装质量问题请与印刷厂联系调换

《非煤矿山地下开采水患灾害监测预警及防治技术》编委会

主　　编：曾　旺　乐　应　谢晓军　赵云胜　陈　杉　陈会林

副 主 编：韩竹东　张坤岩　侯建生　杨军喜　刘　阳　张　明

编写人员：梁　瑜　颜晓华　陈光银　王　斌　黄守国　李燕枫
　　　　　　高云亮　李建璞　刘智慧　姜　圩　刘　玲　吴鹏琴
　　　　　　林　民　任喻焱　吴志海　张建明　吴献高　刘森荣
　　　　　　文吉英　李　矗　加燕泽　张卢东　曾燕姣　胡长友
　　　　　　杨　威　黄　莹　王瑞强　张　勋　朱远胜　蒋荣庆
　　　　　　蔡克杰　唐建辉　赵　静　李元锋　王维李　黄　飞
　　　　　　骆新光　杨　肖　柳　文　江　沙　吕卫东　曾夏生
　　　　　　李进勇　祁有德　李长六　王　娟　朱静涛　周姗丹

前 言

矿业在我国经济产业中占有较大比重,然而矿山的地下防排水问题一直制约着矿山的发展,尤其是地下矿山的开采。我国南方的矿山,有很多是岩溶充水矿床,经常会遇到许多难以想象的水患问题。湖北省是我国矿业大省,为我国国民经济的发展做出了巨大贡献,同时,由于矿山水文地质条件复杂,矿山地下开采的水害问题非常突出,如突水淹井、地面塌陷、地下水枯竭及环境地质灾害等,因此,矿山地下开采难度大,成本较高。随着可持续发展观念和人们对环境保护意识的加强,矿山企业对地下水害的治理越来越重视。中南勘察基础工程有限公司(中国冶金地质总局中南局下属单位)针对非煤矿山地下水的特征,采取不同的施工技术和手段,组织完成了国内数十个水文地质条件复杂的非煤矿山地下水患治理项目,积累了丰富的水患治理经验。其矿山防治水技术曾被原国家安监总局列为非煤矿山五大安全隐患治理与施工新技术之一。本书是湖北省安全生产专项资金资助项目"非煤矿山地下开采水患灾害监测预警及防治技术"课题的重要研究成果。

本书共分五部分。第一部分介绍了鄂东区域的地质特征,并重点分析了黄石地区矿山地下开采的水患特征。第二部分以实例探讨了矿山地下开采时地表水与地下水如何进行联系与转换。第三部分从地下水患的影响因素和充水水源两个方面对地下水患的发生机理进行了深入分析。第四部分介绍了非煤矿山地下开采水患灾害的主要监测方法,阐述了预测预警的方法和形式等内容。第五部分根据不同的水患特征提出了针对性的水患防治技术方法,重点阐述了应用帷幕注浆防治水技术的材料选型,通过对不同地质条件采用不同注浆材料的注浆效果的研究,表明注浆材料的不同和配比参数的优化对地下帷幕注浆产生的效果是大不相同的。

本书由中国冶金地质总局中南局、中国地质大学(武汉)及中南勘察基础工程有限公司等单位专家学者撰写。本书的出版发行,得到了湖北省2020年度安全生产科技专项资金资助,以及中国地质大学出版社和相关矿山企业的大力支持和帮助,限于篇幅,在此不一一列出,对他们的支持和帮助谨表谢意。

由于著者水平有限,本书难免存在疏漏或不当之处,恳请读者批评指正。

著者

2022 年 8 月

目 录

第一章 绪 论 (1)
- 第一节 现状及分析 (1)
- 第二节 研究内容 (8)

第二章 鄂东区域地质概况与矿山地下开采水患特征 (9)
- 第一节 鄂东区域地质特征 (9)
- 第二节 黄石地区地质特征及水文地质概况 (17)
- 第三节 黄石地区矿山地下开采水患特征分析 (33)
- 第四节 小 结 (36)

第三章 非煤矿山地下开采地表水与地下水的联系与转换 (37)
- 第一节 地表水对地下开采的影响 (37)
- 第二节 地下水对地下开采的影响 (38)
- 第三节 地表水与地下水的联系与转换 (38)
- 第四节 典型案例 (44)
- 第五节 小 结 (48)

第四章 非煤矿山地下水患机理分析 (49)
- 第一节 地下水患分类 (49)
- 第二节 地下水患的影响因素 (50)
- 第三节 地下水患的充水水源 (58)
- 第四节 地下水患发生机理 (70)
- 第五节 小 结 (76)

第五章 地下水患监测预警方法 (77)
- 第一节 地下水患监测方法 (77)
- 第二节 地下水患预测预警方法 (82)
- 第三节 小 结 (87)

第六章 地下水患防治技术及材料的应用 (88)
- 第一节 地面防治水 (89)
- 第二节 井下防治水 (93)
- 第三节 疏放排水技术 (99)
- 第四节 带压开采技术 (102)
- 第五节 帷幕注浆堵水及材料应用 (104)
- 第六节 小 结 (120)

主要参考文献 (121)

第一章 绪 论

湖北省矿产资源十分丰富,全省已发现矿产 136 种,占全国的 81%,已探明储量的矿产有 87 种,占全国的 58%。其中,磷矿石、硅灰石等矿产储量居全国首位,铁、铜、钛、钒、盐、石膏等 23 种矿产储量排名全国前列。近年来,湖北省采矿业的迅速崛起,大大促进了全省经济的快速发展。

湖北省水文地质条件复杂,矿山水患严重制约了矿产资源的开发,如果防治不当而发生矿井水灾事故,不仅会影响正常的生产,还会造成人员伤亡和财产损失,更严重的则会引发一系列的地质灾害和环境污染。因此,研究矿山水患对地下矿山安全的影响与治理技术具有重大的现实意义。

矿山水患中水的主要来源分为地面水和地下水,笔者针对非煤矿山地下水患灾害进行研究,分析论证地表水与地下水之间的联系与转换机制、非煤矿山地下开采水患形成机理、非煤矿山地下开采水患灾害监测预警方法及非煤矿山开采水患的防治技术及材料的应用,从而为矿山的安全生产、施工保驾护航并起到示范作用,进而取得显著的安全效益、社会效益和经济效益。

第一节 现状及分析

一、非煤矿山安全生产现状

目前我国非煤矿山生产安全事故频发,各类生产安全事故每年死亡约 3000 人,是矿山生产安全事故高发的国家。据资料统计,生产安全事故造成的直接和间接经济损失为 GDP 的 1%~2.5%,事故经济损失为 11 亿~26 亿元。尤其是非煤矿山井下开采安全生产保障条件差、工程地质及水文地质灾害隐患多、重特大恶性事故不断的严峻形势,严重制约着我国地下开采向深部发展。

1. 我国非煤矿山安全生产目前面临的重大威胁

(1)深部开采高应力、高地温、易透水的安全保障问题。随着地下开采浅部资源的逐步枯竭,矿业开发正向地下开采深处发展,开采深度、强度的增大,将给矿山安全生产带来一系列难题:因高应力导致围岩破坏的概率随开采深度增加而加大;地温增高,通风困难,深部开采环境恶劣;深部开采诱发突水的概率增大,突水事故趋于严重。

(2)冒顶片帮和坍塌。据统计,2001年矿山冒顶片帮事故1780起,死亡2208人,分别占工矿企业事故起数和死亡人数的15.6%和17.6%;1987～1999年间,非煤矿山的冒顶片帮和坍塌事故死亡人数占工矿企业事故死亡人数的44%。

(3)地下水灾害。主要表现为突水淹井、海水入侵、破坏水资源、产生井下泥石流、引起地面塌陷等,给采矿安全带来危害,甚至危及矿山生存。如顾家台铁矿,由于顶板突水,造成29人死亡,矿山至今不能恢复开采;又如南丹拉甲坡锡矿,由于老窿突水,造成80余人死亡。

(4)尾矿坝废石场崩塌、滑坡、泥石流。我国矿山历年废石的堆存量已达127亿t,金属矿尾矿累计存量已达50余亿t,许多废石、尾矿堆场因处置不当或受地形、气候条件及人为因素的影响,易于发生崩塌、滑坡、泥石流等事故,给人民生命财产和环境带来重大损失。据国家经济贸易委员会2000年的尾矿库安全检测及评价,我国有1/3的尾矿库存在一定的问题,还有1/3的尾矿库属险库,大量的尾矿库带病运行,又得不到有效的治理,一旦发生事故,其后果不堪设想。如2000年10月18日,广西南丹县鸿图选矿厂尾砂库突然塌坝,共造成下游28人死亡,沿途民房、土地被冲毁或淹埋。

(5)采空区失稳和塌陷。我国地下矿山开采留下的采空区非常普遍,地下采空区极易引发地表塌陷,给我国地下开采矿山的安全生产带来了极大的隐患。据不完全统计,广西大水矿区在不到5km^{2}的范围内,已有450万m^{3}未充填空区;安徽铜陵狮子山铜矿也已形成了特大的采空区;甘肃白银厂坝铅锌矿采空区是该矿今后开采中面临的最大技术难题和严重的地质灾害隐患;湖南柿竹园多金属矿富矿段采空区体积已有170万m^3。我国因采矿引起的塌陷面积已达1150km^2,发生采矿塌陷灾害的矿业城市有30多个,每年因地面塌陷造成的损失达4亿元以上。仅河北省武安市团城铁矿,自1989年7月至1998年元月,就发生过8次采空区塌陷事件,共造成20多间房屋被毁、6人死亡和至少3044万元的直接经济损失。湖北荆门石膏矿经过20多年开采,形成石膏采空区120万m^2,采空区先后发生33次大面积塌陷,导致地表住户已全部搬迁。

(6)露天矿边坡滑坡。随着露天矿山开采深度的增加,其边坡高度也在加大,滑坡等失稳现象逐年增多。根据我国大中型露天矿山的不完全统计,不稳定边坡或具有潜在滑坡危险的边坡占矿山边坡总量的15%～20%,个别矿山高达30%。

不难看出,以上6个方面的难题如不能很好解决,不仅增大矿山发生伤亡事故的危险性,而且将使矿山正常的生产无法顺利进行。因此,必须开展矿山安全保障科技攻关,采用高新技术手段实施各种监控预警措施,对矿山深部开采、重大工程地质和水文地质灾害进行监测、监控、预警,及时发现隐患,及时采取合理的防治措施,变事故处理为事故预防,从而把矿山地下开采安全保障和地质灾害防治技术水平提高到一个新层次,提高我国矿山的本质安全水平和保障能力。

2. 当前亟待解决的安全科技问题

由以上分析可知,加大安全科技投入,为安全生产提供科技保证对矿山地下安全具有重要意义。当前,安全科技问题主要有以下几点。

(1)地下开采重大灾害机理、预测和控制科学研究。岩体被开挖后,产生的次生应力场会使边坡、巷道或采场周围的岩石发生变形、移动和破坏,尽管前人已就地压的形成机理、预测和防治等课题开展了大量的研究工作,并取得了显著成果,但仍有很多问题尚未获得根本解决。随着开采深度的增加,地质作用特征和矿压显现规律与浅部开采相比会发生极大变化,在岩矿体支护、采矿方法、安全防范等方面可能会出现新的难题,为保证安全生产,必须深入研究和总结深部矿压活动规律、地压管理的方法与原则和地压突变的监测技术,以采取有效减少或避免地压危害的措施,重点从矿山地质结构、岩体岩石的物理力学性质、原岩应力状态、开挖深度、地质构造发育程度、地下水活动等方面进行研究,同时积极利用地压进行开采,从采矿的合理结构参数、开采顺序、开采强度、支护方法、爆破规模等人为因素加以控制。

(2)研究建立北斗卫星导航系统与 GIS(geographic information system,地理信息系统)结合的非煤矿山安全监测信息系统。矿山安全涉及隐患的监测、诱因分析、预报、评估、防灾、救灾等各个方面,其每个过程和环节都与空间的地理要素密切相关,如灾害发生的时空分布、强度与频度、灾情评估等。北斗卫星导航技术由于其高精度、全天候及连续观测能力已经广泛应用于全球板块运动和地壳运动的监测、火山活动的监测及大型工程建筑物(如大坝、特大型桥梁、超高层建筑物)的动态监测。利用 GIS 提供的强大空间分析能力,可建立各种层次和范围的灾害监测平台,如近景摄影测量、常规大地测点监测等。如果与工程地质、水文地质、工程结构信息一起分析,则可建立灾害监测的预警预报系统,为灾害的防治提供决策支持,为突发灾害的抢险提供快速反应能力。

(3)开展安全监测与预测预警技术装备的研究。由于采矿活动破坏地质体而导致灾害和环境恶化,矿山灾害隐患不断积聚。如地表塌陷、山体崩塌、矿山边坡滑坡、废石场泥石流、尾矿库垮塌、采场冒顶、巷道坍塌、矿山地震、矿山岩爆、采空区大面积地压、井下突水、深井高温等灾害,均是严重的矿山灾害问题。尤其是我国金属矿床的地质条件复杂,大水矿床多,岩溶类矿床分布广、涌水量大,发生矿山塌陷事故和突水事故的频率高。因此,必须尽快开展岩层稳固性探测雷达、地震层析 X 射线摄影机、携带式热应力监测计、微震监测系统等安全监测与预测预警技术装备的研究。

二、国内非煤矿山地下水患研究现状

1. 非煤矿山突水因素的研究

国内主要从水压、含水层富水性、隔水层及岩性组合、构造等方面对井巷地下水患进行研究。李白英(1986)在《采动矿压与底板突水的研究》中提出单位水压所允许的等效隔水层的厚度即突水系数。勒德武、王延福等从动力学的角度分析了底板突水的机制,认为突水是井巷水文地质状态的突变,是岩石中原生破缺和次生破缺的发展过程。这个过程分为两步:一种是破缺的发展过程,是缓慢的,并不导致突水;另一种是破缺暴涨的失稳,是快速过程,是引起岩体破坏并且导致突水的突变过程。

据统计,底板突水事故约占我国各类突水事故总次数的 1/4,并且这类突水往往造成重大的灾害性损失。其主要机理是巷道开挖引起底板破坏,产生裂隙与底板含水层直接或间接沟通,导致底板突水并引发突水事故。深部巷道延伸开拓工程,由于受底板高承压水的威胁较大,一旦巷道底板突水,往往表现为水压高、水流急、水量大等特点,对巷道掘进施工危害最大。因此,底板突水在巷道施工中是首要考虑的突水因素。

2. 非煤矿山地下开采水害监测预警方法的研究

突水预测预报是近年来矿山水害预警方法研究的一个重要方面,很多学者致力于这方面的研究工作,取得了重大进展,形成了不同的学科分支和研究方向。从各类突水预报方法所依赖的基础理论划分,可将其分为泛决策分析理论和岩体工程地质力学理论两大体系。目前关于巷道开拓突水预报可供参考的资料很少,尚未形成一种标准的评价方法体系,可以说,对深部巷道突水预测预报的研究仍然是一个较新的领域。

目前,众多学者从不同角度探讨了底板突水的预测方法。如张文泉等(2004)进行的井巷顶板涌水量的模糊预测与防治决策研究,刘光庆等(2001)完成的井巷顶板水害预测与防治专家系统,刘伟韬等(2001)提出的顶板涌水等级评价的模糊数学方法,郑纲(2004)用模糊聚类分析法预测顶板砂岩含水层突水点及突水量的研究。此外,还有应用专家系统法进行安全评价以及采用人工神经网络技术进行安全评价的方法等。

以上方法,对矿山施工水患防治研究有重要的指导意义。

三、国外非煤矿山地下水患研究现状

在国外,对矿山地下水患的研究已有100多年的历史。目前,对矿山研究的重点是在作业面水对地下水质的污染方面,而对深部巷道掘进施工过程中受高承压奥灰岩含水层威胁突水的研究不多。

关于巷道开拓底板变形与破坏,N. A. 多尔恰尼诺夫等认为,在地下水高应力作用下(如深部开采),岩体或支承压力区出现渐进的脆性破坏,其破坏形式是裂隙渐渐扩展并发生沿裂隙的剥离和掉块,从而为巷道底板高压水突入矿井创造了条件。实质上,巷道底板突水问题的研究与岩体水力学问题的研究是密不可分的,1986年,O. da用裂隙几何张量统一表达了岩体渗流与变形之间的关系。

1944年,匈牙利韦格·弗伦斯次提出相对隔水层的概念,建立了水压、隔水层厚度与底板突水的关系,被许多岩溶水上掘进作业的国家引用。20世纪50年代后,国外用现场和实验室相结合的方法研究了隔水层的作用。20世纪60—70年代,在静力学理论基础上结合隔水层岩性和强度等地质因素,研究了底部突水机理。其代表性成果是匈牙利、南斯拉夫等学者提出的相对隔水层厚度,即以泥岩抗水压的能力作为标准隔水层厚度,将其他不同岩性的岩层换算成泥岩的厚度,以此作为衡量突水与否的标准。1970年后,苏联等国家也开始研究相对隔水层的作用,包括采空区引起的应力变化对相对隔水层厚度的影响,以及水流和岩石结构的关系。因此,国外对突水方面的研究已形成了系统的理论体系。

四、非煤矿山地下水害防治研究现状

非煤矿山地下水害防治主要包括施工前的防治和施工中的防治。为消除水害威胁,按"有疑必探,先探后掘"的防治水原则,在施工之前运用多种手段查清巷道周围区段的水文、工

程地质条件，通过合理布置巷道预防开拓时水害的发生。包括加强水文地质条件的研究，深入分析巷道的充水条件、补给关系、含水层和隔水层关系及地质构造的影响，预测突水时的涌水量，提前制订防范措施。对水文地质条件复杂、底板水压较高的区段，要采取必要的物探、钻探等措施以彻底摸清危险区域的地质条件。在充分查清巷道围岩水文、工程地质条件的基础上，优化巷道延伸开拓布置方式，将巷道尽量布置在岩层稳定且厚度较大的坚固岩层中，同时巷道布置要保证合理坡度以有利于排水，根据预测的涌水量配备足够的排水设备，保证排水能力。条件许可时，可在采区中适当位置设置泄水巷或提前沿等高线施工下区段轨道顺槽，利用其存水或排水。目前，地下空间开拓工程施工中水害防治的研究主要侧重在对水源的堵和疏。堵水是通过化学注浆的方法将隔水岩层裂隙进行填充，封堵导水通道，或改造含水层为隔水层，从而达到对破碎岩层的加固和地下水流场的改变或流速的弱化，继而减少巷道涌水量。疏水则是通过打放水泄压孔对含水层的水位进行疏降，从而为巷道延伸工程的安全施工打好地质基础。

下面，简单介绍施工中两种常见的防治水方法的研究发展现状。

1）注浆堵水

国外，对浆液加固岩层进行了广泛的研究。1978 年后，美国有 9 个州的四十多个矿山应用聚氨酯注浆加固岩体，其他国家如日本、英国等都应用了化学方法加固岩体。在理论方面，1968 年，D. T. Show 通过实验发现平行裂隙中渗透系数的立方定律以后，人们对裂隙流的认识从多孔介质流中转变过来。1974 年，Louis 根据钻孔抽水实验得到裂隙中水的渗透系数和法向地应力服从指数关系，德国的 Erichsenpen 又从裂隙岩体的剪切变形分析出发建立了渗流和应力之间的耦合关系。1986 年，O. da 用裂隙几何张量统一表达了岩体渗流与变形之间的关系网。1992 年，Derek Elsworth 将似双重介质岩石格架的位移转移到裂隙上，再根据裂隙渗流服从立方定理的关系，建立渗流场计算的固-液耦合模型，并开发了有限元计算程序。

以上这些成果为治理矿井水灾提供了理论依据。注浆技术用于我国水患治理至今已有 30 余年的历史。1984 年开滦范各庄煤矿岩溶陷落柱特大突水事故注浆堵水的成功，首次证明了我国矿山水文地质工作者在治理国内外罕见突水灾害上的勇气和驾驭大型堵水工程的能力。

我国学者在岩体注浆领域开展了研究，在经典渗流理论的指导下取得了丰硕成果，形成了以下理论：①等效孔隙介质模型；②离散裂隙网络模型；③双孔介质模型。

我们可以看出，注浆堵水作为巷道开拓防治水的一种主要方法已被广为实践，并取得了很好的效果。近年来，中国矿业大学姜振泉、隋旺华等研究了化学注浆浆液材料，在注浆堵水方面也取得了很好的实践效果。

2）疏水降压

影响高承压水体下巷道掘进的安全因素有很多，如地质构造、巷道顶板岩性、岩石的结构构造、胶结方式、岩层的裂隙发育程度、地层倾角、地下水水头差或水压。此外，还有其他一些外在因素，诸如掘进巷道宽度、巷道支护方式、施工工艺等。

对深部巷道延伸开拓工程来说，主要危害因素是充水含水层以巷道底鼓突水形式泄入矿井。当巷道附近含水层的富水性较弱且并无强大的补给源时，我们可以通过疏水降压方式来降低含水层的富水性,从而达到安全施工。这种治理模式的地质条件首先应满足疏水降压的可行性,即所疏放的目的含水层富水性较弱。疏降后含水层的富水性以及隔水层所承受的静水压力均产生变化。

在深部巷道掘进过程中,如果穿过的岩层较松软时,排水泵应紧跟随着掘进头的向下延深而移动,在工作面直接排除积水,以便减少积水对下山围岩的侵蚀影响。但是下山掘进头在穿过比较稳定的岩层时,则可以选用打超前倾斜排水孔排除下山掘进头积水的方式,有利于提高下山掘进速度。

目前,国内通过疏水降压来防治深部巷道开拓水害的方法有:①巷道疏干法;②防渗帷幕法;③钻孔疏干法。

五、突水监测预警技术研究现状

国外对矿山突水监测预警的研究历史比较久远,并且已经有一套他们自己的详细矿山突水预警理论体系。国外学者在20世纪初期通过实地考察矿山突水事例,总结出底数明显高于有底板隔水层的矿区的结论。1944年匈牙利研究者伟格在以上研究的基础上提出矿山突水与隔水层厚度和水压都有关。紧随其后苏联研究员B.U.斯列萨列夫定义了"固定梁",根据矿山的参数给出了底板安全水头的计算公式。到了20世纪60—70年代地质水层的研究有了显著性的进步,地质水层的理论研究较好地适用于矿井底板隔水层破坏。1980年以来,地质雷达技术包括矿山地下探测和水文地质调查等的快速发展,匈牙利学者在矿井水层构造的研究取得了理论成果。进入21世纪以来,随着计算机技术和无线传感器网络的发展,很多自动化设备开始运用于矿山安全防护中,对矿井突水在线监测技术的提高有着很大的促进作用,从而提高了矿井突水预警的能力,比如德国制造商生产的槽波地震仪SEAMEX85型,美国公司推出的Petrosonde地电探测仪,以及日本VIC厂家制造的全自动地下探测仪GR810型等设备。上述举例的探测设备有个共同点是自动化程度非常高,因此这些探测设备能够很高效地应用在矿山开采安全防护中,譬如可以实时监测瓦斯浓度以及进行突水预警,也可以在线监测矿山开采中的交通运送、风量等开采过程。美国MSA公司的DAN6400系统以及德国BEBRO公司的PROMOS系统是现在使用最为频繁的全方位监测系统。尽管如此,这两种系统的制造成本非常高,而且维护保养很困难,这两个问题也是这两种系统进一步发展的瓶颈。

国内相关研究人员是从1950年开始对矿井突水预警有了初步研究,由于对地质构造的认识的缺乏,这一时期主要根据经验丰富的矿工根据矿井突水的某些显著特征来判定发生突水事故,因此造成的人为误差因素很大。1960年以来,相关专家学者(尤其是煤炭科学院的专家学者)根据发生突水的特征提出了突水系数的定义,改善了匈牙利学者提出的底板隔水层厚度与水压的定量关系。1980年以来,根据多个大型矿井突水事例的研究,专家学者提出了"下三带"和"原始导带"定义,将底板分成3个导水带,分别为采动破坏带、完整岩层带和承压水导水带,对于底板突水预警有很大的指导作用。进入21世纪以来,随着信息技术的迅猛发展,以及相关的矿井突水预警自动化装置研制成功,专家学者利用这些设备做了很多的模拟矿井突水实验,因此形成了我国特有的矿山水灾理论方法。能较好适用于矿井突水水源识别的方法是水化学方法,为以后矿井突水监测预警新方法的研究打下了坚实的基础。常用的水化学方法有如下几种。

1. 代表离子法

地下水中存在各种不同的化学成分,是因为其蕴含在各种含水层中,受到地层岩性、构造和水文环境、含水层的沉积期等因素的影响。采矿地点含水层水文地质、化学环境存在差异,导致矿区不同含水层的化学成分会不一样。首先可以利用舒卡列夫、阿廖金等相关方法来判别水源类型,再通过分析矿井突水水源特征进行对比来判别水源种类。作为评价因子对突水水源进行判别的离子有K^+、Na^+、Ca^{2+}、Mg^{2+}、Cl^-、SO_4^{2-}、HCO_3^-。

2. 同位素法

同位素不易与其他元素产生化学效应,独立性强,附着性弱,对于水源识别有很好的守恒、标记功能以及很强的稳定性,它不受人为因素的影响,有其固有的特征属性,实用性能极佳,对研究水文地质有着很好的便利性,在测试示踪地下水运动、水的起源以及水文环境参数等方面有很好的效果。英国学者 M. Geobe 等(2000)利用氢氧同位素及 Sr 同位素对德国 Munsterland 盆地地下卤水的来源和演化进行了研究,结果表明该地下卤水主要受水-岩相互作用、迁移及不同单元水流混合作用的影响。

3. 水温水位法

根据《水化学》理论可得,水质、水温及水位的变化一般存在紧密的相关性。当引发矿井突水和矿井开采量十分巨大的时候,只考虑化学离子、元素等含量来识别水源是不够精确的。为了提高精度,采用 QLT 法判别水源,即在考虑水质指标的前提下,额外把相关含水层水量温度考虑进去,综合判别水源类型,准确度会更高。德国学者 Stumm 应用水温水位的化学方法定量处理天然水环境,得到了很好的效果。

4. 激光荧光光谱法

20 世纪,依据激光诱导荧光原理,利用被测物质受激辐射产生荧光强度来分析荧光分子的特性,研发了激光荧光光谱法。荧光发射光谱的原理是固定激发光的波长和强度,将激光照射被测物质,被测物质受激辐射产生荧光,辐射所产生的荧光利用单色器传输到检测器上,扫描发射单色器,并且持续使荧光发射波长变化,同时把此时荧光强度记下。荧光强度通过信号发生器将光信号转换为电信号,之后通过示波器显示出荧光强度和时间的关系曲线,通过分析曲线可知荧光分子的特征。

水样中的不同化学成分所吸收的光和散射出的光能量导致荧光分子呈现出不同的光谱数据,从而识别出不同的水样。

同时随着计算机信息技术和相关算法数学模型的完善建立,也形成了很多有效的分析突水水源的算法,如灰色理论、红外探测等。

第二节 研究内容

1. 非煤矿山地面水与地下水的联系与转换机制

地下水和地表水是互相联系的一个整体。地表水在地表主要以河流、湖泊、水库等形式存在。而地下水在地表之下主要以稳定流形式存在,有裂隙水、孔隙水、岩溶水及承压水等。当地下水水位下降时,地表水就会补给地下水,保持水资源的一种均衡。当地表水水位下降到地下水之下时,地下水就会补给地表水。地表水与地下水的关系有两种:水力梯度式和垂直入渗式。水力梯度式为垂直入渗和水平入渗结合,主要通过水位的高差进行补给和排泄,为稳定流连续补给。而垂直入渗式具有代表性的有悬河和悬湖,这种湖极为稀少,很少出现,它的渗透方式主要为垂直入渗,水力联系较弱。

2. 非煤矿山地下开采水患形成机理

巷道掘进及矿床开采时,遇到稳定性差的软弱围岩或岩溶发育的地段,一旦遇到涌水,岩体崩溃,可能伴有突泥、流砂事故发生,影响作业面安全。如果涌水量大,排水设备能力不足,则会导致施工作业区大量积水,不仅降低围岩稳定性,也严重威胁结构自身安全。大量携带泥砂的地表水、地下水流入施工结构空间内,使地下水水位迅速下降,在重力、真空吸蚀和冲蚀作用下,造成地面塌陷或产生地面陷穴、地面裂缝。

研究非煤矿山地下开采水患的形成机理,明确突水、涌水原因,理清致灾机制,为之后的监测预警和防治技术的研究奠定了理论基础和发展方向,对保障非煤矿山安全生产具有重要意义。

3. 非煤矿山地下开采水患灾害监测预警方法的研究

结合当前最新技术,通过研究非煤矿山地下水监测预警方法,为实现矿山防治水的信息化,快速有效进行数据的采集、存储、分析、处理及建立模型提供方法支持。监测预警的主要内容是:掌握地下水的动态特征,判断其与大气降水、地表水体以及含水层之间的水力联系,监测可能影响到的含水层、含水体、导水通道,预测可能的水害类型、水害形成的模式、水害危险性程度及水害发生后的演化与走势。

4. 非煤矿山地下开采水患的防治技术及材料的应用

矿井水的防治工作是在水患机理分析和监测预警的基础上,根据充水水源、通道和水量大小的不同,分别采取不同的防治措施。矿山地下开采水患的防治方法,归纳起来有地面防治水、井下防治水、疏放排水、带压开采、注浆堵水等。其中,注浆材料是注浆堵水和加固工程成败的关键因素,针对地下水水患充水通道的不同类型,根据实际工程情况对注浆材料进行选择和应用。由检验、测试防水情况可知,应用中的注浆材料能满足帷幕墙体强度和抗渗性能的要求。

第二章 鄂东区域地质概况与矿山地下开采水患特征

第一节 鄂东区域地质特征

鄂东地区狭义指黄冈市,广义为黄冈市、黄石市及鄂州市。东北部与豫皖交界为大别山脉,主脊呈西北-南东走向,中部为丘陵区,南部为狭长的平原湖区,海拔高度在10~30m之间,河港、湖泊交织。本区是湖北省以矿业开发为主的老工业基地:非金属矿60种,主要有花岗岩、大理岩、磷矿石、硅石矿等;金属矿发现有铁、锰、铬、铜、铅、锌、钒、钛、镉、钼、金、银以及稀有金属铌、钽、锆等,其中铁、金红石、铅、锌的储量较丰富。鄂东地区根据地质条件可分为鄂东北和鄂东南。

鄂东北主要地质特征如下。

(1)大别山区的麻城市、蕲春县、浠水县、武穴市、黄梅县,及南麓的英山县、罗田县以中、低山丘陵为主,河谷切割较深,坡度陡,基底以古元宇、太古宇深变质火山岩、片麻岩为主,风化砂层较厚,有第四系松散堆积层覆盖。

(2)黄州区、红安县、团风县等地以平原丘岗地貌为主,地形起伏不大,以第四系老黏土和元古宇变质岩为主。

鄂东南主要地质特征如下。

(1)黄石地区以低山丘陵为主,地形相对高差100~500m,古生界—新生界均有出露,以沉积岩建造为主,主要为碳酸盐岩夹碎屑岩,溶蚀强烈,伴有燕山期中酸性岩侵入。

(2)武汉、鄂州以丘岗、平原地貌为主,主要为古生界碳酸盐岩夹碎屑岩,大部被黏性土层覆盖,少量露头,隐伏岩溶发育,鄂州东部有中酸性岩侵入。

一、地层

南华系主要为大陆冰川沉积型之冰碛砾泥岩、冰碛砾粉砂岩,夹少量间冰期的碳质泥岩和含锰碳酸盐岩建造,分布零星;奥陶系总体为台地环境沉积的碳酸盐岩夹细碎屑岩地层;志留系主要为一套未变质的滨浅海-陆棚碎屑岩、碳质泥岩、碳酸岩建造;泥盆系主要出露一套未变质的滨浅海-陆棚碎屑岩、碳质泥岩、碳酸盐岩建造;石炭系分布广泛,出露地层序列完整,为以浅海陆棚边缘的碎屑岩、碳酸盐岩为主的沉积建造组合;二叠系以浅海陆棚碳酸盐岩为主要沉积特征,分布广泛;三叠系为海相碳酸盐岩至海陆交互相碎屑岩沉积地层序列,分布广泛;下—中侏罗统出露主要为碎屑岩沉积;白垩系出露主要为陆相红色碎屑岩系,分布在鄂东北、鄂东南的一些山间盆地,下白垩统分布局限,以金牛火山盆地为中心,上白垩统则零星分布于鄂东各地。

鄂东第四系包括以下两个分区。

江汉盆地东缘露头地层:主要处于江汉平原东缘岗波状平原地层区,包括孝感以东、麻城、武汉、黄冈及咸宁等地。在新构造间歇性掀升运动的控制下,第四系沉积物厚度较薄,地层呈埋藏或基座阶地出露,且冲洪积扇随时代前移,使之不能发生连续上叠堆积。主要的成因类型有冲洪积和残坡积等。

鄂东山间地层:包括鄂东北桐柏大别构造剥蚀中低山丘陵区以及鄂东南幕阜山构造剥蚀低山丘陵区。第四系松散沉积物分布于区内的各盆地及山间主要水系的河谷地带,主要的沉积物成因类型有洞穴堆积、冲洪积、残坡积等。其中鄂东北第四系松散沉积物分布于区内的各盆地及澴水、倒水、举水、巴水、浠水等主要水系的河谷地带。与下伏老地层皆为角度不整合接触。依岩性特征、接触关系及地貌类型等可划分为少量下更新统沉积物及中更新统、上更新统、全新统地层。

鄂东地区岩石地层序列如表 2-1 所示。

表 2-1　鄂东地区岩石地层序列

界	系	地层分区	岩石地层	代号	岩性特征
新生界	第四系	鄂东山间地层分区	陆水组	$Q_h^2 l$	残坡积碎屑堆积、现代土壤、洪冲积砂砾层、亚砂土、亚黏土层
			天城组 雷发林组	$Q_h^1 t$ $Q_p^3 l$	灰色细砂、粉质黏土、黏土质粉砂互层,夹泥炭
			肖家湾组	$Q_p^2 x$	灰色、灰黄色粉砾砂夹砂砾层,夹含钙核
			湾上组	$Q_p^2 w$	
			垄背组 柏树村组	$Q_p^1 j$ $Q_p^1 b$	以褐黄色为主的砾石层—粗砂序列

续表 2-1

界	系	地层分区	岩石地层	代号	岩性特征
中生界	白垩系	下扬子地层分区	公安寨组	Q_2E_1g	以棕色为主体色调的杂色碎屑岩系,由砾岩、砂岩、粉砂岩、泥岩组成多个韵律层
			大寺组	K_1d	安山岩、珍珠岩、流纹岩和凝灰岩夹薄层粉砂岩之火山岩系
			灵乡组	K_1l	灰黄、黄绿及紫红色内陆湖泊相碎屑岩夹凝灰岩、安玄岩、安山岩
			马驾山组	K_1m	上部为霏细岩,具流纹构造;下部为流纹质熔角砾岩及角砾集块岩
	侏罗系		花家湖组	J_2h	紫红色泥质粉砂岩、泥岩夹灰绿色页岩及长石石英砂岩
			桐竹园组	J_1t	以黄、黄绿、灰黄色砂质页岩,粉砂岩及长石石英砂岩为主,夹碳质页岩及薄煤层或煤线
	三叠系		王龙滩组	T_3J_1w	以长石石英砂岩为主,夹粉砂岩,碳质页岩夹黏土岩
			九里岗组	T_3j	以黄灰、深灰色粉砂岩、砂质页岩、泥岩为主,夹长石石英砂岩及碳质页岩
			蒲圻群	$T_{2-3}pq$	紫红色粉砂质页岩、粉砂岩、细砂岩组
			嘉陵江组	$T_{1-2}j$	以灰色中—厚层状白云岩、白云质灰岩为主,夹微晶灰岩、岩溶角砾岩
			大冶组	T_1d	以灰色、浅灰色薄层状灰岩为主,中、上部夹中—厚层状灰岩,时而夹鲕状灰岩、白云质灰岩或白云岩化灰岩,下部为含泥质灰岩或黄绿色页岩
古生界	二叠系		大隆组	P_3d	硅质岩、黏土岩
			龙潭组	P_3l	下部含碳质页岩夹煤层,中部含燧石条带灰岩,上部薄层硅质岩夹页岩
			茅口组	P_1m	下部灰色厚层状灰岩,上部灰岩与硅质岩互层,下部见硅质条带
			栖霞组	P_1q	下部含碳生物灰岩,上部青灰色含燧石结核灰岩、生物碎屑灰岩
	石炭系		黄龙组	C_2h	浅灰、灰色灰岩、生物碎屑灰岩夹白云质灰岩
			大埔组	C_2d	白云岩、含燧石结核白云岩、角砾状白云岩

续表 2-1

界	系	地层分区	岩石地层	代号	岩性特征
古生界	泥盆系	下扬子地层分区	五通组	D_3w	白色中—厚层状石英砂岩、石英细砾岩、石英粉砂岩
	志留系		茅山组	S_2ms	暗紫或暗红色厚层状砂岩，底部具灰白色砂岩
			坟头组	S_2f	灰黄色砂质页岩、薄—中厚层状粉砂岩、泥质粉砂岩
			新滩组	S_1x	灰绿、黄绿色页岩、粉砂质页岩夹薄层粉砂岩
	奥陶系		宝塔组	O_2b	青灰—紫红色中厚层状龟裂纹灰岩、瘤状灰岩
			牯牛潭组	O_2g	浅灰色薄—中厚层状泥质条带灰岩、生物碎屑灰岩
			大湾组 红花园组	O_1d O_1h	灰—深灰色薄层瘤状灰岩，局部夹灰绿色页岩，底部可见结晶灰岩；下部中厚层状白云质灰岩，含燧石条带，上部中厚层状灰岩、生物碎屑灰岩，见假鲕状灰岩
			南津关组	O_1n	灰色厚层状白云质碎屑灰岩、假鲕状灰岩，含燧石条带
	寒武系		娄山关组	ϵ_4O_1j	灰、浅灰色巨厚层状中—细粒白云岩、厚层状藻纹层白云岩、含砾屑砂屑白云岩，顶部局部夹块状岩溶角砾岩
			高台组	$\epsilon_{2-3}g$	浅灰色巨厚层状泥粒质白云岩、颗粒质白云岩
			石龙洞组	ϵ_2sl	浅灰—深灰色至褐灰色中—厚层状白云岩、块状白云岩，上部含少量钙质及少量燧石团块
			天河板组	ϵ_2t	深灰色及灰色薄层状泥质条带灰岩，局部夹少许黄绿色页岩及鲕状灰岩
			石牌组	ϵ_2s	灰绿—黄绿色黏土岩，砂质页岩，细砂岩，粉砂岩夹薄层状灰岩，生物碎屑灰岩
			牛蹄塘组	$\epsilon_{1-2}n$	黑色碳质页岩，常夹"锅底状"灰泥灰岩
元古宇	震旦系		灯影组	$Z_2\epsilon_1dn$	薄层泥晶灰岩、灰质白云岩夹碳质页岩或二者互层
			陡山沱组	Z_1d	白云质泥岩，厚层泥质泥晶白云岩，含锰质黏土岩
	南华系		南沱组	Nh_3n	大陆冰川沉积型之冰碛砾泥岩、冰碛砾粉砂岩，夹少量间冰期的碳质泥岩和含锰碳酸盐岩
			莲沱组	Nh_1l	

二、构造

本区跨越秦岭褶皱系与扬子准地台两大构造单元。以青峰-襄樊-广济断裂为界,断裂北侧为秦岭褶皱系,南侧为扬子准地台(图 2-1)。秦岭褶皱系属中央造山带的组成部分,属于强烈变形构造单元。带内发育活动断裂,控制着破坏性地震的发生。扬子准地台在大地构造属性上属于准稳定性质,但仍有破坏性地震沿断裂分布。

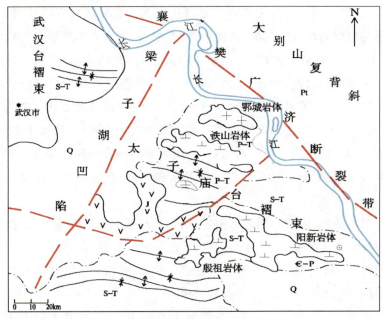

图 2-1 鄂东构造示意图

(一)地质构造单元划分

本区跨越秦岭褶皱系与扬子准地台两大构造单元,细分地质构造单元见表 2-2。

表 2-2 鄂东地区地质构造单元

Ⅰ级	Ⅱ级	Ⅲ级	Ⅳ级
华南板块	南秦岭大别造山带	桐柏-大别高压变质折返带	罗田高压变质折返穹隆
			西张店(新县)-英山超高压变质折返亚带
			太白顶-大悟-红安-刘河(太湖)高压变质折返亚带
		武当-随州陆内裂谷	两郧逆冲推覆构造带
	扬子陆块	新洲上叠断陷盆地	
		下扬子台坪	武汉-黄梅台缘褶冲带
			咸宁台褶带
		扬子周缘前陆盆地	赤壁盆地
		通城-鄂州上叠岩浆弧	金牛上叠弧火山盆地
			上叠侵入岩浆弧

罗田高压变质折返穹隆：北以省外的晓天-磨子潭断裂为界，西以商城-麻城断裂为界，南东以浠山河-浠水-雷家店-岳西-桐城弧形剪切带为界，总体组成一向南南东凸起的不规则穹隆。主要由新元古代花岗质片麻岩夹杂古元古代变质表壳岩块、太古宙麻粒岩块和幔源超镁铁质岩块，组成变质混杂岩，是扬子板块北缘卷入深俯冲的下地壳层。

西张店（新县）-英山超高压变质折返亚带：分布于罗田变质穹隆东西两侧，北界以磨子潭断裂与苏家河群杂岩带分界，南以黄站-马岗-檀林韧性剪切带与红安-太湖高压变质折返带分界，现今的面理总体南倾。带内主要由古元古代大别杂岩和新元古代花岗质片麻岩、变质岩块及陆壳成因的榴辉岩块混杂组成，含柯石英、金刚石、榴辉岩等特征变质标识物。

太白顶-大悟-红安-刘河-（太湖）高压变质折返亚带：北以黄站-马岗-檀林韧性剪切带、浠山河-浠水-岳西弧形剪切带、新县-英山超高压变质折返亚带和罗田高压变质折返穹隆分界，北西端以磨子潭断裂与苏家河混杂岩带分界。带内主要由新元古代红安岩群和花岗质片麻岩组成，混杂有大小不等的古元古代变质表壳岩块、时代不明的变质火山岩-碎屑岩块和洋壳成因的榴辉岩块和超镁铁质岩块。其中，洋壳成因的榴辉岩块和超镁铁质岩块主要分布于该带北侧，含榴辉岩块混杂岩特征与浒湾一带混杂岩相近，且在吕王—宣化店一带二者无明显分界。

两郧逆冲推覆构造带：以两郧断裂为南界，向东至丹江口市被南襄上叠盆地掩盖，南襄上叠盆地东侧，沿新市-余店断裂东延，于蔡河一带交于新黄断裂；向西自上津一带延入陕西境内，北至豫南一带以小田关断裂与陡岭杂岩分界，呈一向北西敞开的喇叭状。主体由南华纪—早古生代中浅变质地层组成岩片叠置构造样式。

新洲上叠断陷盆地：是晚白垩世开始发育起来的断陷盆地，呈北东向上叠于北西向变质折返带之上。盆地南缘与扬子陆块古生界以断层接触，东缘与大别高压变质折返带以断层接触为主，西缘与大别高压变质折返带及武当陆内裂谷南华系—震旦系呈超覆关系。基底主要是大别高压变质折返带混杂岩，盆地发育受麻城-团风断裂和襄樊-广济断裂控制。前者为西倾正断层组，后者为北倾正断层组。沉积物以棕红色砂岩和泥岩为主，夹少量玄武岩层。

武汉-黄梅台缘褶冲带：处在江汉盆地、襄樊-广济断裂和太子庙断裂之间的三角形地带。这是一个北西西向的挤压带，东部受郯庐断裂影响，在黄梅一带呈北东向延伸。黄梅县城以南，褶冲带被中、新生代陆相盆地覆盖。

咸宁台褶带：西临江汉盆地，北以大法寺—鄂城—武汉一线为界与武汉-黄梅台缘褶冲带分界，东以黄梅断裂与滁巢台褶带分界，南延至江西、湖南境内。

赤壁盆地：下部主要为河—湖相含煤碎屑岩组合、湖泊泥岩粉砂岩组合，受后期构造影响，盆地由东向西逐渐消亡，在中侏罗世关闭。

通城-鄂州上叠岩浆弧：主要分布于江汉盆地以东、襄广断裂以南的下扬子台坪区内。主要由早白垩纪钙碱性、过碱—钙碱性花岗岩组成，规模较大的岩体主要有铁山、阳新、殷祖等。叠加俯冲侵入杂岩分布于大冶—黄石一带，总体呈北东向展布，区域上与通山和大别地区相同时代的侵入杂岩构成北东向（滨太平洋叠加陆内岩浆弧）侵入杂岩带，由俯冲环境花岗岩组合组成。

（二）断裂

本区包含的断裂主要有扬子断裂系的阳新断裂、郯庐断裂系等（图2-2）。

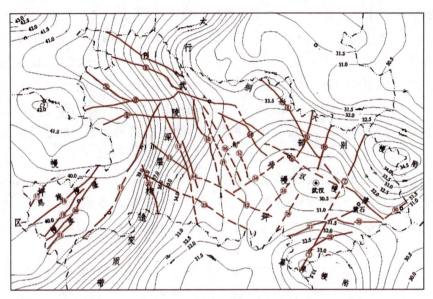

图2-2　湖北省断裂示意图

阳新断裂：呈东西向。东起东王，向西经双港至毛家铺后为第四系所覆。可见长约75km。该断裂实为数条平行断层组成，断面倾向南，倾角50°～70°。早期，断裂显示叠瓦状冲断组合，断裂内发育数十米至百余米的碎裂岩、糜棱岩带，铜坑岭、双港口一带断裂带内断错杂乱，且形成巨大的鳞片状岩块，显示挤压特征。中期，张性角砾岩时有分布，阳新北断南超的箕状盆地受其控制，可能与白垩纪—古近纪时期的张性改变有关。后期的压扭性活动使红层产生挤压破碎。根据与褶皱的关系以及对燕山期小岩体的控制关系，断裂形成于印支期—燕山期。该断裂对本区的构造形态、岩浆分布有明显的控制作用。断裂之北部多为短轴状褶皱，鄂冶岩浆岩区大致以该断裂为南界，南部为线状倒转褶皱。这种差异也可能与基底构造有关。

郯庐断裂系：该断裂系最显著特征是明显切割区域构造线，呈北北东向带状或雁列状展布，并大致显示一定的等距性特征。断裂切割深度除黄梅断裂及麻团断裂北段较大外，一般为表层断裂，故在地球物理场上显示不明显。力学性质以压剪性为主，局部出现张剪性特征。对燕山期岩浆岩和白垩纪—古近纪红色盆地有控制作用。对近代地貌有深刻影响，是湖北省东部的主要发震构造。

黄梅断裂：呈北东向，大致循大别造山带与滁巢台褶带交接部位延展，由两条断裂组成。湖北省境内被白垩—第四系覆盖，断裂结构出露不充分。沿断裂，宿松群、张八岭群中有蓝闪石、3T型多硅白云母等高压矿物存在。此外，沿断裂尚有燕山期花岗岩、火山岩、喜马拉雅期玄武岩分布,黄梅、潜山断陷盆地的展布方向受其制约。断裂多期破碎的构造效应清楚,是一条多期活动的断裂带。地球物理场上反应明显,磁场西高东低,重力场西低东高并显示线性梯度特征,反映断裂的两侧地壳厚度、基底特征可能有所不同。断裂与莫霍面变异带吻合,反映黄梅断裂是一条切割较深的大断裂。

麻团断裂:是湖北省重要的北北东向区域性断裂构造带,北起豫鄂边境的松子关,向南经麻城、团风、咸宁、通山然后进入湖南,湖北省内长约280km。该断裂实为一系列平行或斜列的断层组成,长江以北表现较明显,前白垩纪时期,断裂以压剪性活动为特征,发育较宽的糜棱岩、硅化岩带。断裂带内及旁侧有燕山期花岗岩分布,并经受强烈的动力变质。早期以右行韧性剪切为主,断裂东盘南移明显。白垩纪—古近纪时期,在区域引张作用的影响下控制了麻城-新洲断陷盆地的形成,并接受巨厚的陆相红色碎屑岩的堆积。断裂沿线有溢流的玄武岩分布。第四纪时期,断裂继承性复活,两侧地形反差极大,水系特征、河流阶地高程明显不同,水准测量地壳垂直形变大,基本显示张剪性特征。历史上湖北省内沿断裂曾发生两次5级以上地震。樊口至咸宁段被第四系覆盖,卫片解译和物探资料表明有一系列北北东向断裂存在,大致控制了鄂冶岩区西界,太和火山岩盆地有可能是其与北西向断裂复合控制的结果。近期仍有一定的活动性。

襄樊-广济断裂带:印支造山过程中形成的重要断裂带,构成秦岭-大别造山带与扬子陆块的地表分界线。南襄盆地以西段习称青峰大断裂,南襄盆地以东习称襄广大断裂。断裂总体上呈北西向展布,西侧由陕西钟宝进入湖北省境后,向东经丰溪、门古、青峰、盛康、茨河后被南襄盆地掩盖,中段经耿集、板块、三阳至应城一带后被江汉盆地掩盖,东段经管窑、石佛后被郯庐断裂改造,改向东经黄梅、杉木后,向北东进入安徽境内,在湖北省内全长约600km。断裂带内发育中浅层次韧脆性变形和浅层脆性变形构造岩组合,在不同地段岩石组合和变形特征有所不同。

(三)构造作用与成矿

构造活动与成矿作用有着非常密切的关系,不同时期、不同区域构造背景下,有着特定的矿产资源。构造活动对成矿作用的影响主要表现在两个方面:一方面,在一定的地质构造背景下形成特殊的沉积地层,这些地层中往往赋存相应的矿产资源,不同构造-沉积环境下形成的地层有着特定的属性。另一方面,在区域大的构造背景下,局部的构造活动事件(岩浆事件、热液事件、变形变质事件等)使元素在某些位置富集而形成特定的矿床,如鄂东南地区大量的中生代与岩浆活动有关的矽卡岩金、银、铜、铅锌矿床,主要大型矿山有大冶铁矿、铜绿山铜矿、鸡笼山金矿、丰山铜矿、鸡冠嘴金矿等。

1. 构造活动与沉积成矿

前南华纪构造活动与沉积成矿作用的关系:在后期构造作用叠加影响下,局部形成条带状磁铁矿矿床,如黄冈贾庙磁铁矿。

泥盆纪—中三叠世构造活动与沉积成矿作用的关系:志留纪—中三叠世,扬子区表现为稳定陆缘沉积的特点,其中部分地层富含铁、铅锌、铝土矿、煤、膏、盐等矿产资源。区内泥盆系为主要的含铁建造,鄂东南云台观组中含有丰富的铁矿资源,以沉积型赤铁矿为主。但是,均未形成有效开采的矿产资源。

2. 构造活动与内生成矿作用

中生代鄂东南地区的大量中酸性侵入岩的侵位,也伴生着许多大规模矽卡岩型金、银、铜、铅锌矿床的形成。

中生代构造-岩浆事件与接触交代成矿作用:湖北省内中生代侵入岩主要出露于鄂北、鄂东北、鄂东南地区,该时期区域上同受秦岭-大别山带造山后的区域伸展和西太平洋俯冲的叠加影响。因此,对这些中—酸性侵入岩的形成地质背景一直存在陆内伸展和陆缘俯冲的争议。湖北省内中生代中—酸性侵入岩与大量金、银、铜、铅锌矿的形成关系密切,最具代表性的便是鄂东南地区大量的"大冶式"矽卡岩(接触交代型)矿床。其成因主要与鄂城岩体(如程潮铁矿)、铁山岩体(如大冶铁矿)、金山店岩体(如金山店铁矿)、灵乡岩体(如灵乡铁矿)、阳新岩体(如丰山铜矿、鸡笼山金矿、铜绿山铜矿)等侵位有关,同时也与围岩地层和局部构造形迹有一定关系。

剪切带与成矿作用的关系:顺层滑脱剪切作用在武当、随枣、大别地区极为发育。走滑剪切带,区内分布广泛,规模大小不一,形成时代也较复杂。区内走滑性质的剪切带主要有北西向的新城-黄陂-广济断裂带、两郧断裂带、白河-石花街断裂带,北东—北北东向的麻团断裂带、郯庐断裂带(湖北段)。这些走滑韧性剪切带往往具有金银多金属元素富集成带的特点。

第二节 黄石地区地质特征及水文地质概况

鄂东南地区矿产资源丰富,主要集中在黄石地区,且黄石地区的地质特征及水文地质特征可以代表鄂东南地区的特性。故本节主要对黄石地区的地质特征及水文地质概况进行重点分析。

黄石地区是长江中下游成矿带的重要组成部分,也是湖北省最主要的矿产地。黄石地区的大地构造位置属扬子准地台下扬子台褶带西端Ⅳ级构造单元——大冶凹褶断束。黄石地区是以北西向襄樊-广济断裂、北东向梁子湖断裂和东西向的鸡笼山-高桥断裂所围限的三角地块。区内出露地层齐全,地质构造复杂,岩浆岩活动频繁,中酸性侵入岩发育,铜、铁、金等多金属矿产及石灰石、天青石等非金属矿产均很丰富。

一、区域地质特征

黄石地区内地层出露较完整,区域内构造形态格局清晰。区内岩浆岩主要属燕山运动的产物。区内矿产资源丰富,已探明铁、铜、金、钨、铅锌大中型矿床有几十处,其矿产以铁铜为主。

(一)地层

黄石地区的地层主要有第四系松散层、海相与陆相沉积地层。

1. 第四系松散层

黄石市表部松散层有5种成因类型:冲积、冲洪积、残坡积、湖积和人工堆积。

第四系全新统冲积层,主要分布在长江和富水沿岸,由砂砾石、一般黏性土及少量淤泥质土组成,厚度一般不大于30m。

第四系冲洪积层,主要分布在沟谷与山前地带,由中上更新统网纹状红土(老黏土)、全新统一般黏性土(局部夹砂性土或淤泥质土)组成,厚度一般不大于20m。

第四系残坡积层,出露在岗垅缓丘地带,由中上更新统红黏土(母岩为碳酸盐岩,属高压缩性土)、全新统一般黏性土组成,厚度一般不大于10m。

第四系全新统湖积层,分布在坳陷盆地或断陷盆地区,具多元结构,由一般黏性土、砂砾石和淤泥质土组成,厚度一般大于15m。

人工堆积主要由矿山固体废渣组成,主要分布在黄石煤田、大冶铁矿区、铜绿山铜矿区,厚度一般在30m左右。

2. 海相与陆相沉积地层

黄石市分布的基岩地层,从古生界至新生界除缺失中、下泥盆统和下石炭统外,其余地层均有分布。

中上寒武统—奥陶系、中上石炭统—下二叠统、下三叠统为本区三套碳酸盐岩。上二叠统为海相含煤建造;志留系及上泥盆统为滨海相碎屑岩建造;中上三叠统—侏罗系中统为海湾-湖相碎屑岩建造;上侏罗统和下白垩统为陆相火山碎屑岩建造;上白垩统—新近系为陆相砂页岩沉积。新生界以松散堆积物为主。黄石市沉积地层及岩性见表2-3。

表2-3 黄石地区地层表

界	系	统	地层名称	代号	厚度/m	岩性特征
新生界	第四系			Q	0~30	残坡积、湖积、冲洪积黏土夹碎石、淤泥及砾石
中生界	白垩系至新近系		东湖群	K—Rdn	>1000	紫红色粉砂岩、含砾砂岩、砂砾岩夹基性熔岩
	白垩系	下统		K	28~852	石英砂岩、页岩夹安山岩、泥灰岩、砂砾岩、凝灰岩、角砾岩、霏细岩、集块岩等

续表 2-3

界	系	统	地层名称	代号	厚度/m	岩性特征
中生界	侏罗系	中下统	花家湖组	J_2h^2	>500	泥质粉砂岩、长石石英砂岩、砾岩
				J_2h^1	500	粉砂岩、粉砂质泥岩、底部含砾长石石英砂岩
			武昌组	$J_{1-2}wc^2$	100	石英砂岩、粉砂质页岩夹煤线
				$J_{1-2}wc^1$	>200	页岩、碳质页岩、粉砂岩、石英砂岩等
	三叠系	中上统	蒲圻群	$T_{2-3}pq^2$	200	紫红色钙质粗砂岩、泥质粉砂岩、粉砂质黏土岩
				$T_{2-3}pq^1$	200	泥质粉砂岩、粉砂质泥岩、粉砂岩夹灰岩
		下统	大冶群	第七段 T_1dy^7	>100	米黄色白云岩、角砾状白云岩
				第六段 T_1dy^6	120	灰色中—厚层状白云质灰岩、灰岩,具黑白相间条带状构造
				第五段 T_1dy^5	200	灰黄色薄层状白云岩、角砾状白云岩夹中厚层状灰岩含石膏假晶
				第四段 T_1dy^4	180	灰白色厚—巨厚层状灰岩、含白云质灰岩,向上变薄,顶部可见鲕状灰岩
				第三段 T_1dy^3	>300	浅灰色微—薄层状生物灰岩、泥质条带灰岩,见缝合线构造
				第二段 T_1dy^2	>100	薄—中厚层状粉晶灰岩、白云岩化粉晶灰岩
				第一段 T_1dy^1	30	薄—中厚层状泥灰岩、页岩,岩性变化较大,局部地段为单一黄绿色页岩
古生界	二叠系	上统	大隆组	P_3d	11	硅质岩、黏土岩
			龙潭组	P_3l	40	下部含碳质页岩夹煤层,中部含燧石条带灰岩,上部薄层硅质岩夹页岩
		下统	茅口组	P_1m	140	下部灰色厚层状灰岩,上部灰岩与硅质岩互层,下部见硅质条带
			栖霞组	P_1q	100	下部含碳生物灰岩,上部青灰色含燧石结核灰岩、生物碎屑灰岩
	石炭系	上统	船山组	C_3ch	19	下部含炭生物碎屑灰岩,上部球粒状灰岩
		中统	黄龙群	C_2h	70	下部厚层状白云岩,上部微粒灰岩,下部偶见结核
	泥盆系	上统	五通组	D_3w	6~29	白色中—厚层状石英砂岩、石英细砾岩、石英粉砂岩

续表 2-3

界	系	统	地层名称	代号	厚度/m	岩性特征
古生界	志留系	中统	坟头组	$S_2 f$	270	灰黄色砂质页岩、薄—中厚层状粉砂岩、泥质粉砂岩
		下统	高家边群	$S_1 g j^3$	200	黄绿色—土黄色页岩夹泥质粉砂岩
				$S_1 g j^2$	450	灰绿色页岩、含砂质条带页岩夹粉砂质页岩
				$S_1 g j^1$	14~97	灰色页岩、含碳质页岩、硅质页岩
	奥陶系	上统	五峰组	$O_3 w$	1~3	紫灰色—灰黑色含碳硅质页岩、硅质页岩
			临湘组	$O_3 l$	15	薄层瘤状灰岩、泥质灰岩、黏土质页岩、黏土岩
		中统	宝塔组	$O_2 b$	15	青灰色—紫红色中厚层状龟裂纹灰岩、瘤状灰岩
			大田坝组	$O_2 d$	4	网眼状白云质灰岩
			牯牛潭组	$O_2 g$	<10	浅灰色薄—中厚层状泥质条带灰岩、生物碎屑灰岩
		下统	大湾组	$O_1 d$	37	灰色—深灰色薄层瘤状灰岩,局部夹灰绿色页岩,底部可见结晶灰岩
			红花园组	$O_1 h$	150	下部中厚层状白云质灰岩,含燧石条带,上部中厚层状灰岩、生物碎屑灰岩、假鲕状灰岩
			分乡组	$O_1 f$	20	下部为泥质条带灰质白云岩,上部厚层状白云质灰岩夹粗晶灰岩团块及生物碎屑
			南津关组	$O_1 n$	25	灰色厚层状白云质碎屑灰岩、假鲕状灰岩、含燧石条带
	寒武系	上至中统	上段	ϵ_3^{2-3}	275~341	结晶白云岩、角砾状白云岩、夹硅质条带白云岩
			中段	ϵ_2^{2-3}	153~366	浅灰色—灰黑色厚层状白云岩、条带状白云岩、鲕状白云岩

寒武系—三叠系出露在黄石市的北部、中部、南部广大低山丘陵区,其中志留系、二叠系、三叠系出露面积较大;侏罗系—下白垩统主要出露在黄石市的西北部金牛、金山店、保安一带;上白垩统—新近系主要分布在大冶湖盆及阳新盆地。

(二)构造

本区自古生代到新生代,经历了多次构造变动,褶皱、断裂都很发育,岩浆活动也很频繁。在本区,区域构造总的轮廓受淮阳山字型前弧西翼的控制,其主要构造线的方向为北西西或近东西向平行排列,区内岩层走向、褶皱轴向、走向,逆断层和一些岩体的长轴方向以及山脉的脊向等,均沿此方向呈带状分布,但局部地区也受新华夏系构造的干扰,表现为北北东或南北方向的褶皱、断裂和岩脉活动等。黄石市属扬子准地台下扬子台坪盖层沉积,处在三级构造单元——大冶台褶带中,跨太子庙台褶皱束和梁子湖凹陷两个四级构造单元。深部断裂构造位置,处在北西向襄樊-广济断裂、北东向梁子湖断裂和东西向的鸡笼山-高桥断裂所围限的三角地块。

太子庙台褶皱束由震旦系—侏罗系的褶皱组成。褶皱轴总体呈北西西至近东西向。主要褶皱有保安-汪仁复背斜(如保安-汪仁背斜、余华寺背斜、黄荆山-长乐山向斜、铁山背斜)、大冶复向斜、殷祖复背斜、双港-南岩山向斜、木石港-枫林背斜(属大幕山复背斜)等。断裂构造发育,主要有:北西西向组、北西向组、北东向组和北北东向组,断裂构造大多具多期活动特征。

梁子湖凹陷是晚三叠世以来在印支拗褶带上形成的继承性凹陷,呈北东—北东东向弧形延伸。自晚侏罗世以来,由凹陷盆地向断陷盆地转化,盆地的发育受北北东向断裂控制,在保安与金牛之间形成活动性较大的火山岩盆地。

黄石市的地壳构造位置,处在武汉幔隆、幕阜幔陷、桐柏-大别幔陷的三角地带;深部断裂构造位置,处在襄樊-广济断裂带、麻团断裂带和高桥-鸡笼山断裂带所围限的三角区中。

黄石市的深部断裂介绍如下。

麻团断裂属商城-麻城-通城构造带的一部分。挽近期以来,断裂活动迹象明显,构造带仍受北西西和南南东向新华夏系应力场的较强挤压,麻城槽地中的红层出现轴向北北东向褶皱。

青峰-襄樊-广济断裂,是分隔秦岭褶皱系和扬子准地台的一条多旋回发展的区域性大断裂。其活动迹象明显:震旦系逆冲于白垩系之上;断裂带中充填了不同时期的岩浆岩。

阳新断裂,走向近东西向,可见长 75km。断裂具多期活动特征:早期为压性,中期为张性,后期为压扭性,并使白垩系—新近系红层产生挤压性破碎。

本区南部为近东西向的线性褶皱和压性断裂组成的一系列挤压构造。参与褶皱最新地层为下三叠统大冶群。褶皱向斜开阔,而背斜紧密,背斜北翼多向北倒转而向南倾斜,为盖层褶皱的相对隆起区。

北部构造线方向为北西西向,为一系列不连续的背斜及向斜,为盖层褶皱的相对凹陷区。

综上所述,大冶凹褶断束在印支褶皱的基础上,经燕山、喜马拉雅运动,进一步演化成南隆北凹的构造格局。

(三)岩浆岩

区内岩浆岩活动频繁,从侵入岩到喷出岩分布广泛,岩石类型以中酸性岩类为主。侵入特征为中深成、浅成、超浅成到喷发。本区岩浆岩隶属燕山构造亚旋回和喜山构造亚旋回,燕山期岩浆活动可划分为早晚两期,5次侵入—喷发活动。喜马拉雅期则沿断裂局部有玄武岩溢出。

燕山早期阶段有3次侵入活动,第一、二次侵入形成中深—浅成侵入岩,如灵乡、金山店、殷祖、阳新、铁山等岩体,以闪长岩—石英闪长岩类岩石为主。第三次岩浆侵入,形成铜山口、丰山、铜绿山等一系列浅成—超浅成小斑岩体,以石英正长闪长玢岩—花岗闪长斑岩为主。

燕山晚期阶段也有两次侵入活动。第一次为浅成相的鄂城闪长岩体、金山店石英正长闪长岩体。第二次侵入,形成了浅成—超浅成的石英闪长玢岩体、花岗(斑)岩体以及中酸性岩脉,如王豹山岩体、鄂城花岗岩体、花岗斑岩体,该阶段还形成了酸性—基性—中性—中酸性的喷发相火山岩。

喜马拉雅早期阶段为碱质玄武岩裂隙式溢出,见表2-4。

表2-4　黄石地区岩浆岩期次划分表

期	次	侵入时代	代表性岩类
喜马拉雅期		K_2-R	玄武岩
燕山晚期	二	K_1	石英正长闪岩、脉岩
	一		闪长岩、花岗闪长岩、火山岩系
燕山早期	三	J	花岗闪长斑岩
	二		闪长玢岩、石英闪长岩
	一		闪长岩、透辉石闪长岩

(四)区域矿产简况

区内矿产资源十分丰富,现已查明有铁、铜、铅、锌、金、银、钨、钼、石膏、硫铁矿、石灰岩、大理岩、白云岩、天青石、煤等40余种矿产,400余处矿床(点)。

区内矿床类型较全,数量多,规模较大,伴生或共生矿产丰富,品位较高,易选冶利用,且分布集中,是中国为数不多的富铜富铁成矿区。区内成岩、成矿受山字型与新华夏系双重控制,且以新华夏系为主。

本区铁、铜、铅、锌、金、银等金属和贵金属矿床多为接触交代型、接触交代—斑岩型、斑岩型、热液充填交代型及沉积热液改造型,多分布于岩体周缘接触带附近。

区内目前发现并已开采的大型矿山有程潮铁矿、大冶铁矿、铜绿山铜矿、鸡笼山金矿、丰山铜矿、鸡冠嘴金矿、大志山铜矿、大红山铜矿等。

二、区域水文地质概况

(一)自然地理

1. 气象

黄石地区处于温暖潮湿多雨气候带。全区盛夏炎热,冬季温和,霜冻期短,多雨潮湿。年平均气温17℃。最高气温为7月,月平均气温29.2℃;最低在1月,为3.9℃。5月至10月的平均气温均在17℃以上(图2-3),7月末8月初的日平均气温高达40.3℃。夏末秋初,干旱酷暑,年蒸发总量变化1318~1463mm,夏秋之际(5—10月),蒸发尤甚。

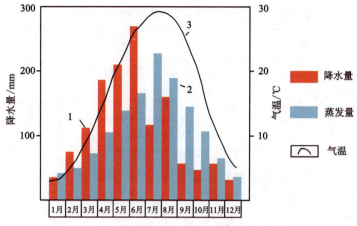

图2-3 年降水量、蒸发量、气温变化曲线图

地区雨量充沛,四季降水,春夏居多。无霜期年平均264天,多年平均降水总量为1 382.6mm。自南部幕阜山区,经江南丘陵,向江汉平原,雨量渐小。每年3—8月为雨季,多集中在4—8月,约占全年的2/3,暴雨过程也主要集中在4—8月(表2-5)。平均降水日数为132d。其中月最大降水量为1998年7月降水量699.0mm,日最大降水量发生在1998年7月22日为296.1mm,最大降水量90.7mm/h,一次连续最大降水量天数12d,降水量为416.8mm(1991年7月1—12日)。春夏季盛行东风与东南风,余以西风与西北风居多,年平均风速2m/s。

表2-5 黄石气象站多年平均各月气象要素统计表

气象要素	1月	2月	3月	4月	5月	6月	7月	8月	9月	10月	11月	12月
降水量/mm	40.1	78.1	116.7	187.7	212.3	272.8	120.2	163.8	61.7	50.7	61.2	38.5
蒸发量/mm	44.3	51.5	77.5	107.8	139.0	168.4	228.8	191.5	148.3	110.5	70.2	43.8
气温/℃	3.6	6.1	10.9	16.6	21.2	26.1	29.9	28.4	24.5	18.1	12.1	6.6

2. 水文

黄石市依山傍水、襟江带湖。地表水系发育,湖泊众多,河、溪如网,塘、堰星罗棋布。市内由富水水系、大冶湖水系、保安湖水系及若干干流、支流和258个大小湖泊组成本地区水系,大小河港有408条,其中5km以上河港有146条,总河长1732km。

长江由西北向东南方向蜿蜒流经本区北东侧,北起与黄石接址的鄂州市杨叶乡艾家湾,下迄阳新县上巢湖天马岭,全长76.87km,江面宽630~2200m。历年最大流量75 700m³/s,最小流量5520m³/s,多年平均流量26 400m³/s;丰水期多年平均水面比降0.047 1‰,枯水期最小水面比降0.013 4‰,平均0.021 5‰。汇鄂东诸水东流入海,为地区最低侵蚀基准面。据观测该段长江水位,每年2月起上涨,至7月达最高峰,平均月水位标高为19.07m,而后逐渐跌落,最低在1月,为9.06m(表2-6)。最高洪水位标高达23.14m(1954年7月30日),最低枯水位标高为7.95m(1961年2月3日)。

表2-6 长江某地流量站多年各月水位统计表(mm)

月份	1	2	3	4	5	6	7	8	9	10	11	12
平均	9.06	10.03	11.64	13.81	16.55	17.96	19.07	18.74	18.10	16.25	14.29	11.53
最高	13.87	14.13	15.60	17.34	19.76	22.26	23.14	23.05	22.64	21.06	19.16	15.53
最低	9.09	7.95	8.60	9.96	12.13	14.35	15.51	15.71	8.63	11.31	10.43	8.91

最大的水系为阳新境内的富水水系。富水是长江在黄石市境内的最大支流,其发源于鄂赣交界的幕阜山北麓,自西而东流经阳新县中部,在阳新县富池镇注入长江(图2-4)。境内流程81km,流域面积2245km²;干流最大径流量79.5亿m³/a,最小21.6亿m³/a,多年平均径流量43.5亿m³/a;历年最高水位23.18m,最低水位为11.59m。

图2-4 黄石山川水网图

大冶湖水域西起下袁东至韦源口汇入长江,全长40km,湖域面积58.2km²,汇水面积1106km²,平均水深3m左右,蓄水量约1亿m³,属中型浅水断陷湖。最高湖水位标高23.31m(1954年7月25日),常年洪水位标高17.67m。大冶湖围垦区地势北高南低,一般情况下,每年 5—11 月湖水上涨,水域变宽为 1.0~1.5km。枯水期仅留一条中心河,湖水位降至标高 15m 左右,一般流量为 1.96~3.27m³/s。

境内湖泊众多,水网密布,大小湖泊 257 处,湖域总面积约 518.32km²,约占市域总面积的 11.2%。自东向西主要湖泊有网湖、大冶湖、横山湖、梁子湖等,其简况见表 2-7。顺向垂直通联长江,水位上下接近长江水面。汛期湖泊蓄洪储水,水位上涨,湖面扩大;旱季水退,湖面收缩。湖盆是当地最低侵蚀基准面。

表 2-7　黄石主要湖泊分布情况简表

湖名	位置	长轴方向	顺向长/km	湖面积/km²	最高洪水位标高/m
网湖	阳新县东北	北东东	18	120	23.14
大冶湖	大冶市	北东东	22	90	23.31
横山湖	大冶市西北	近南北	22	165	—
梁子湖(保安湖)	鄂州市西南	近南北	34	405	常年最高洪水位标高 20.4m

3. 地形地貌

黄石市处在幕阜山北东余脉向长江冲湖积平原的过渡地带,总地势南高北低。区内中低山、丘陵、剥蚀残丘(准平原)、湖盆低地、冲积阶地等地貌类型齐全(图 2-5)。

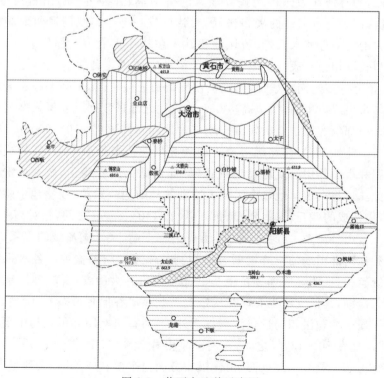

图 2-5　黄石市地貌示意图

北部以黄荆山与东方山为主体组成本区北部低山丘陵区。大冶湖盆地北侧有一条北西西向至近东西向的条带状丘陵褶皱残山,海拔高低不等,一般在 200~450m 之间,其中黄荆山脉最高峰板岩峰高达446.4m,其次月亮山为441.6m。由于该山体两侧沟谷的衬托,特别显示出带状隆起,相对高差一般仅有100余米,最大高差也不超过300m。本地区最北部为铁山侵入杂岩体,山体海拔在450~480m之间,表现为本地区北部边缘与鄂州市的天然分界,铁山杂岩体北侧的地貌特征已逐渐过渡到江汉平原的地貌形态。

南部以傅家山、太婆尖、白马山、太山尖、玉岭山为骨架组成南部低山丘陵区。山脉走向近东西,相对高差一般为350m左右。幕阜山脉的支脉南山头,正处在大冶、阳新两地的边界地带。南部山势最高峰为南岩山,海拔862.7m;与其相邻之山峰太婆尖,为大冶市群峰之冠,海拔839.9m,其余峰顶均在650~750m之间。南部的南山头支脉构成大冶、阳新两地的墙垣。整个山体南北两侧均被走向断层所切割,山坡陡峻,悬崖峭壁极发育。地层褶皱紧密线状排列,构成本区的褶皱低山地貌景观。

白沙-潘桥丘陵区、网湖湖盆低地区(阳新城关-富池口)基本被南部低山环抱;金山店-太子丘陵区、金牛-姜桥剥蚀残丘区和大冶湖盆区(大冶市城区东部)均夹在南、北两个低山区的中间地带;冲积阶地主要分布在长江和富水两岸。在下陆-姜桥断裂带通过的地段,其东西两侧的褶皱残山山体走向明显发生偏移,地层褶皱形式虽属向斜构造,但受力程度各不相同,西侧偏北西西向,轴面正常;东侧为近东西向,而轴面则往南倾,呈倒转向斜褶皱。沿该向斜褶皱残山北侧沟谷地带,受铁山杂岩体的岩枝穿插分布,形成易风化的洼地与长江河道相通,在侵蚀阶地上有河流洪积砂砾层堆积。长江河道在黄石市区一段向南呈弧形冲蚀,南岸陡峻;江北岸形成浅滩,并有河床改道的遗迹。江北的策湖呈北西向伸展,由古河道闭塞而形成。从平面上看,现代河床与古河道的展布格局,大致构成一把弓与弦的河曲地貌特色。区内最主要的水系即大冶湖中心河水系,其流域面积几乎包括了大冶市大部分范围,大致形成一个掌状水系网络与长江相通。殷祖镇附近由于殷祖杂岩体风化剥蚀形成的侵入体构造剥蚀盆地,在盆地中残留有许多垄岗式残丘,周围被褶皱低山丘陵包围,山势海拔在300~550m。在殷祖镇北面有华家山海拔稍高,山顶高达681.8m;往北部过渡到灵乡侵入杂岩体形成的洼地和大冶湖盆地。该部位的褶皱低山残山丘陵与盆地相对高差在250~600m之间。灵乡杂岩体风化剥蚀形成的洼地,沿岩体北缘形成火山裂隙喷发构造接触带,因而构成侏罗纪—白垩纪陆相沼泽沉积和火山碎屑岩复合盆地沉积,局部可见火山岩残丘,如大小雷山即是。由灵乡岩体风化剥蚀洼地与火山盆地联合组成大冶湖盆地的地貌景观,在盆地中除有火山岩残丘外,还有侵入岩体形成的残丘,这些残丘高程一般在150~250m之间,相对高差仅100余米。

以金山店—茗山—灵乡一线为分水岭,西部为保安湖、梁子湖流域的水系;东部为大冶湖盆地水系。唯独在南部山地的南峰港断裂带切割处流入阳新湖盆地。各水系流向基本上都与构造断裂系统有关,最明显的如姜桥港呈北北东向流入大冶湖,红峰港沿铜鼓山断裂经九眼桥水库流入大冶湖,其他支流也有同样构造关系。在河谷地貌形态上,阶地表现不明显;在河漫滩之上除了属于冲积淤积的近代沉积物之外,沿河谷两岸局部可见到中更新世松散砂砾层堆积,其海拔高度在80~150m之间,与河漫滩相对高差为30~100m。

在保安—金山店—灵乡一线以西,山体展布方向与东部有所不同,大致呈北北东向延伸,其构造格局则受另一种成因机制所制约。该地带出露大面积的白垩纪火山岩系,山势较陡。北部山体最高峰为石岭山,海拔534m;其次为大寺山,海拔418.5m。南部山势稍低,海拔200~300m。根据岩性分布与钻探资料研究证实,大鼓山有火山喷发构造存在,略呈截头火山锥体,火山口地貌形态隐约可辨,具放射冲沟水系。在此山体一线以西,为梁子湖断陷带,已属江汉平原的组成部分。

低山区与丘陵区主要由海相碳酸盐岩建造和碎屑岩建造组成,局部由岩浆岩组成。在碳酸盐岩的裸露地带,落水洞和溶蚀洼地常见。

(二)地下水类型及含水岩组

本区有三种地下水类型:孔隙水、裂隙水、岩溶水。其相应的含水介质为松散岩类、岩浆岩与碎屑岩类和碳酸盐岩类。

1. 第四系孔隙含水岩组

按含水介质成因类型可分为冲积、冲洪积和人工堆积层三种含水岩组。

冲积孔隙含水岩组:分布于黄石港以北至西塞山以东的长江一级阶地、大冶湖盆中心河沿岸,富水沿岸及金牛、龙港、三溪口一带,含水层由粉细砂、中粗砂及砾石组成,厚度一般25m左右,水头性质为承压型。其中,长江冲积孔隙含水层钻孔单位涌水量一般为1.0~3.5L/s·m,富水性强,但水质不佳;其他地带的冲积孔隙含水层钻孔单位涌水量一般为0.5L/s·m左右,富水性中等。

冲洪积孔隙含水岩组:分布在山间小溪、坡麓与湖盆边缘地带,富水性贫乏。

人工堆积孔隙含水岩组:主要由矿山废渣组成,富水性弱至中等。

2. 碎屑岩裂隙含水岩类

含水介质为碎屑岩,由下白垩统(K_1)、侏罗系(J)、中上三叠统蒲圻群($T_{2-3}pq$)、上泥盆统五通组(D_3w)砂岩、砂砾岩风化裂隙、构造破碎带组成。新鲜、完整的岩石构成隔水层。主要出露在黄石西塞山至游贾湖、源湖和北部的南湖、青山湖、花马湖、磨石山一带的丘陵、残丘和湖间地块,以及大冶市的金牛、保安、曙光和阳新县的良荐湖、浮屠街南部等地。地下水头性质属承压型,富水性弱—中等。

3. 岩浆岩裂隙含水岩类

含水介质由燕山早期和晚期的闪长岩类、二长岩类、石英闪长玢岩等风化裂隙发育带、断裂构造破碎带组成。风化带厚度一般10~60m。下部新鲜、完整岩体构成隔水岩体。风化程度受岩石性质、结构、地形、地貌、构造等因素控制。主要出露在黄石市的铁山—下陆、潘桥—铜绿山、灵乡—殷祖和金山店、丰山洞等地,无统一地下水水位,水头性质为无压型,富水性极不均一,地下水主要受大气降水补给,常以沟谷为界,形成各自独立补给、径流、排泄水文地质小单元,富水程度弱—中等。

4. 碳酸盐岩岩溶含水岩组

岩溶含水岩类在黄石市广泛出露。含水介质为本区三套碳酸盐岩:中上寒武统—奥陶系、中上石炭统—下二叠统、下三叠统大冶群第二至第七岩性段。据统计,水文地质条件复杂到中等的16家矿山岩溶发育特征及富水性见表2-8。

表2-8 碳酸盐类岩层岩溶发育及富水性统计表

矿山名称	岩溶特征						富水性					矿山水文地质条件复杂类型
	碳酸盐岩类地层代号	钻孔溶洞遇见率/%	平均岩溶率/%	充填率/%	强岩溶下限标高/m	弱岩溶下限标高/m	T_1dy q/(L·s⁻¹·m⁻¹); k/(m·d⁻¹)	P_2l q/(L·s⁻¹·m⁻¹); k/(m·d⁻¹)	P_1m q/(L·s⁻¹·m⁻¹); k/(m·d⁻¹)	P_1q q/(L·s⁻¹·m⁻¹); k/(m·d⁻¹)	C_2h q/(L·s⁻¹·m⁻¹); k/(m·d⁻¹)	
大冶市大红山矿业公司(石头嘴铁矿)	T_1dy灰岩		10.9		−70~−160	平均−326.84	q: 0.5793~0.8332; 裂隙溶洞水k: 0.7578~1.5659; 溶蚀裂隙水k: 0.1267					复杂
大冶有色铜绿山矿	T_1dy大理岩及白云质大理岩	65.38	5.91		平均−115.0	−69.27~−472.4, 平均−275.0	q: 0.0041~2.819; k: 0.0116~7.234					中等—复杂
大冶金井嘴金矿	T_1dy大理岩及白云质大理岩		2.0	51.3	平均−70.0	平均−140.0						复杂
大冶大志山铜矿	T_1dy、P_1m、P_1q、C_2h,近矿围岩主要为二叠系茅口组及栖霞组灰岩	70.0	1.79		−40~−170	−356.82	q: 0.084~0.5	泉流量 1.83~3.6	4.526~5.612	0.049~4.56	1.0~2.46	复杂

续表 2-8

矿山名称	碳酸盐岩类地层代号	岩溶特征					富水性									矿山水文地质条件复杂类型
		钻孔溶洞遇见率/%	平均岩溶率/%	充填率/%	强岩溶下限标高/m	弱岩溶下限标高/m	碳酸盐岩类地层代号									
							T_1dy		P_2l		P_1m		P_1q		C_2h	
							q/ L·s^{-1}·m^{-1}	k/ m·d^{-1}	q/ L·s^{-1}·m^{-1}	k/ m·d^{-1}	q/ L·s^{-1}·m^{-1}	k/ m·d^{-1}	q/ L·s^{-1}·m^{-1}	k/ m·d^{-1}	q/ L·s^{-1}·m^{-1}	k/ m·d^{-1}	
大冶兴红矿业有限公司(红卫铁矿)	T_1dy 大理岩		强岩溶带 6.45, 弱岩溶带 0.13	强岩溶带 50.37~85.63	−31.01~−111.77	−142.45~−535.45	裂隙溶洞水: 0.545 2~0.672 5; 溶蚀裂隙水: 0.021 2	裂隙溶洞水: 0.580 2~1.830 8 溶蚀裂隙水: 0.022 9									中等—复杂
大冶鲤泥湖铜铁矿	T_1dy 大理岩	60.0	5.45		−17.84~−262.09	平均−290, 接触带达−553.38	2.453~2.819	4.582 2~7.617 8									复杂
三鑫金铜有限责任公司鸡冠嘴金矿	T_1dy 大理岩		2.63		平均−42.53	−313.11	0.934 1~2.496 0	1.070 8~1.589 4									复杂
武钢集团大冶铁矿	T_1dy 大理岩, P_2l 大理岩, P_1m 大理岩	64.08	0.68		−275		0.000 06~0.039 4	0.000 86~0.068 10	0.142	0.77	0.099	0.498					中等—复杂

续表 2-8

矿山名称	碳酸盐岩类地层代号	岩溶特征					富水性										矿山水文地质条件复杂类型
		钻孔溶洞遇见率/%	平均岩溶率/%	充填率/%	强岩溶下限标高/m	弱岩溶下限标高/m	碳酸盐岩类地层代号										
							T_1dy		P_2l		P_1m		P_1q		C_2h		
							$q/$ $L \cdot s^{-1} \cdot m^{-1}$	$k/$ $m \cdot d^{-1}$	$q/$ $L \cdot s^{-1} \cdot m^{-1}$	$k/$ $m \cdot d^{-1}$	$q/$ $L \cdot s^{-1} \cdot m^{-1}$	$k/$ $m \cdot d^{-1}$	$q/$ $L \cdot s^{-1} \cdot m^{-1}$	$k/$ $m \cdot d^{-1}$	$q/$ $L \cdot s^{-1} \cdot m^{-1}$	$k/$ $m \cdot d^{-1}$	
大冶大广山铁矿	T_1dy 大理岩		1.21~35.8	20	−115.78~−124.45		裂隙溶洞水:0.234~0.330	裂隙溶洞水:0.1866~0.2936;溶蚀裂隙水:0.12									复杂
大冶有色金属公司铜山口铜矿	T_1dy 大理岩	16.49	0.67		溶洞主要发育在−100m标高以上,溶洞分布最低标高−236m		裂隙溶洞水:0.004~3.02 溶蚀裂隙水:0.003~0.04	裂隙溶洞水:0.003~2.86 溶蚀裂隙水:0.003~0.07									复杂
武钢集团金山店铁矿张福山矿区	T_1dy 大理岩		3.54		平均 −70.0	平均 −340.0	0.013 24~0.143 7	0.012 33~0.196 2									中等—复杂
武钢集团金山店铁矿余华寺矿区	T_1dy 大理岩		14.5~26.1		−40.0~−240	−120.0~−240		0.73									中等—复杂

续表 2-8

矿山名称	碳酸盐岩类地层代号	岩溶特征					富水性									矿山水文地质条件复杂类型
		钻孔溶洞遇见率/%	平均岩溶率/%	充填率/%	强岩溶下限标高/m	弱岩溶下限标高/m	$T_1 dy$		碳酸盐岩类地层代号							
							q/L·s⁻¹·m⁻¹	k/m·d⁻¹	$P_2 l$ q/L·s⁻¹·m⁻¹	k/m·d⁻¹	$P_1 m$ q/L·s⁻¹·m⁻¹	k/m·d⁻¹	$P_1 q$ q/L·s⁻¹·m⁻¹	k/m·d⁻¹	$C_2 h$ q/L·s⁻¹·m⁻¹	k/m·d⁻¹	
鹏凌矿业有限公司赵家湾铜矿	C,$P_1 m$,$P_1 q$ 大理岩、白云质大理岩	82.39	3.31		-100~-250		0.3825	0.9135					0.3825	0.9135	0.3825	0.9135	复杂
新武矿业有限公司良荐桥铜钼矿	O、K-R、奥陶系大理岩、白垩系第三系砂砾岩	O_2为10~30 K-R为0~30	O_2为0.84, K-R为3.1		奥陶系平均-100.0, K-R为-100.0~-201.62	奥陶系溶蚀发育下限可达-449.17	K-R砾岩溶裂隙含水层,泉流量1.175~8.896L/s	奥陶系大理岩溶裂隙岩溶含水层,泉流量1.855~6.636L/s									复杂
阳新鸡笼山金矿	$T_1 dy$ 大理岩、白云质大理岩	14.9	0.278		-100.0~-300.0		0.0031~0.5945	0.0028~0.6335									中等—复杂
大冶有色金属公司丰山铜矿	$T_1 dy$ 大理岩				-100.0~-300.0		泉流量0.3~3.0L/s										复杂

根据富水程度将岩溶水含水介质划分为两个含水岩组。

1) 裂隙溶洞含水岩组

裂隙溶洞含水岩组包括下三叠统大冶群第四—第七岩性段，含水层岩性为中厚层至厚层状石灰岩。地表见有溶蚀洼地、落水洞等岩溶现象，大气降水易于渗入，含水丰富。钻孔抽水试验一般单位涌水量为 0.13～2.44L/(s·m)。下二叠统茅口组、中上石炭统、中上寒武统裂隙岩溶水含水层由厚层状、巨厚层状石灰岩、白云岩、含燧石团块灰岩所组成，岩溶现象甚为发育，含水较为丰富。

2) 溶蚀裂隙含水岩组

溶蚀裂隙含水岩组包括下三叠统大冶群第二—第三岩性段、二叠系栖霞组、中下奥陶统。储水空间以溶隙为主，富水性中等。

灵乡岩体边缘大理岩（由于受交代蚀变作用透辉石化），岩溶不发育，以溶蚀裂隙为主。

黄石地区南部和中部，由中石炭统至中上三叠统碳酸盐岩建造组成岩溶含水岩类。下三叠统大冶群为本区分布最广的可溶岩，区内碳酸盐岩埋藏条件复杂，可分为裸露区及隐伏—埋藏区，其含水特征如下。

(1) 裸露区：北部位于黄荆山和长乐山一带，南部位于铜鼓山、铜山口、大广山、大箕铺以东至太子庙一带。主要由大冶群组成，地表发育有各种岩溶形态，为区内地下水主要补给地，泉水出露在山麓地带的薄层与中厚层、厚层状灰岩分界线附近或断裂带上。地下水运移以山脊为界，分别向南北方向运移，通过泉水排泄出地表，岩层富水程度与岩溶作用强弱密切相关，以大冶群中上部厚层灰岩最强，断裂密集地段为地下水的局部密集处。

(2) 隐伏—埋藏区：地形地貌上一般分布在丘陵湖盆区，构造上主要分布在大冶复式向斜翼部，上覆第四系或三叠系蒲圻群砂页岩，灵乡凹陷盆地上覆第四系或三叠系—白垩系砂页岩、火山岩，分布的单斜构造以及岩浆岩超覆于碳酸盐岩类岩层地区。顶板埋深 20～400m 不等，岩性以大理岩为主，含水介质为溶洞溶蚀裂隙，在标高 -150m 以上发育最强。具有一定厚度松散层覆盖的岩溶矿区，因矿坑排水后，极易导致地表产生岩溶塌陷。塌陷的形态在平面上多半为圆形、椭圆形，剖面上为坛形、井状、漏斗状，它多半分布在第四系厚度较薄处、河床两侧和地形低洼地段。岩溶塌陷通道的存在极易引起第四系孔隙水、地表水大量下渗和倒灌，对矿井安全生产造成极大的威胁。大理岩含水层水位埋深与矿床所在位置、地形标高关系密切，富水性强—中等，以断裂带附近和岩浆岩下伏区水量最富。

(三) 隔水岩组

隔水岩组有下志留统高家边群和中统坟头组的粉砂质泥岩夹细砂岩及黏土质粉砂岩和细砂岩，上二叠统大隆组薄层硅质岩，下三叠统大冶群底部页岩，中上三叠统蒲圻群紫红色泥质粉砂岩、泥质细砂岩、粉砂质黏土岩、泥质细砂岩、粉砂岩和页岩，以及燕山期新鲜岩浆岩。第四系隔水岩组有中更新统残积蠕虫状黏土、湖积黏土层及红黏土。上述隔水岩体的分布，制约着本地区地下水补给、径流、排泄条件，隔水层的分布形态直接反映了矿山的边界条件及矿坑地下水的补给途径。

(四)地下水补给、径流和排泄(简称补径排)条件

1. 第四系孔隙水补径排条件

冲积孔隙水的补径排有两大特征:其一,地下水与地表水水力联系密切,丰水期地表水补给地下水,枯水期地下水补给地表水;其二,无论是丰水期还是枯水期,冲积孔隙水均接受大气降雨和其侧翼的岩溶水或裂隙水补给。

2. 裂隙水补径排条件

裂隙水的补径排条件主要受大气降雨和地形控制,局部受断裂构造控制。一般情况是地下水接受大气降雨补给后,从高处向低处经短暂径流在山麓地带以下降泉排出地表。

3. 岩溶水补径排条件

本区有三套岩溶含水岩组。第一套中上寒武统—奥陶系碳酸盐岩与第二套中上石炭统—二叠系碳酸盐岩之间,有志留系砂页岩隔水层;第二套中上石炭统—二叠系碳酸盐岩与第三套大冶群第二—第七岩性段碳酸盐岩之间,有大冶群第一岩性段钙质页岩、泥灰岩隔水层。由于此三套碳酸盐岩分别被隔水层夹持,加之地质构造和岩浆岩的影响,故岩溶水的补径排条件十分复杂。

在没有岩浆岩影响的一般地段,岩溶水的补径排条件主要受背向斜储水构造控制:在以志留系砂页岩或大冶群第一岩性段组成背斜核部的低山丘陵地带,裸露型碳酸盐岩接受大气降雨后,岩溶水从背斜近核部部位依地形态势向两翼径流,一部分在山麓地带以下降泉排出地表,另一部分岩溶水进入地下深部循环,如殷祖复背斜、铁山背斜等;在以中上石炭统—二叠系碳酸盐岩或大冶群第二至第七岩性段组成向斜核部的低山丘陵地带,裸露型碳酸盐岩接受大气降雨后,一部分岩溶水在向斜翼部的大冶群第一岩性段分布地段(山麓或山腰)形成溢出泉排出地表,另一部分岩溶水沿向斜轴线从高处向低处进行区域径流,如黄荆山向斜、长乐山向斜等。

因本区矿产资源丰富,岩溶水的径流与排泄除受上述地质背景条件控制外,还受矿坑排水的强烈影响。

第三节 黄石地区矿山地下开采水患特征分析

黄石地区分布的燕山期中酸性侵入岩体为内生金属矿床的形成提供了丰富的物质来源。三叠系—石炭系碳酸盐岩石为接触交代成矿配备了极为有利的围岩条件。淮阳"山"字形前弧西翼北西西向构造,经新华夏系构造叠加形成的褶皱虚脱和断裂的张性改造部位,为岩浆岩的侵入,矿液的运移、聚积提供了良好的空间。鄂东大部分岩体,在地表和浅部侵入三叠系,少部分侵入石炭系、二叠系,仅殷祖岩体及其周围小岩体侵入到志留系中。成矿岩体吞蚀了大量富镁的碳酸盐物质,其边缘多与碳酸盐岩直接接触。同时,发生在岩体与碳酸盐岩接

触带上的纵断裂因多次活动,形成规模较大的接触断裂复合构造带。碳酸盐类岩石为可溶性岩类,在地下水的作用下,岩溶裂隙发育,岩石富水性强。上述在成矿有利围岩地层中的构造岩浆活动,造就了本区复杂的水文地质环境。黄石地区历史上比较有名的大水矿山大多分布在阳新侵入岩体周围的接触带上。如自西向东位于岩体北缘的有:鸡冠嘴金矿、铜绿山铜矿、鲤泥湖铜铁矿、大红山铜矿、金井嘴金矿、兴红煤矿、大志山铜矿等;位于岩体南缘的有赵家湾铜矿(一矿带)、良荐桥钼矿、鸡笼山金矿、港下铜矿等;还有位于灵乡侵入岩体东南缘的大广山铁矿。这些矿山大多位于湖盆低凹地区,矿体埋藏于当地侵蚀基准面以下,地表水与地下水联系密切,含水层碳酸盐类岩石埋藏条件复杂,具隐伏—埋藏型特征。矿坑涌水量大,在矿坑排水条件下,地表易产生岩溶塌陷、沉降、开裂等不良地质作用。这些矿山自建矿一开始,就与地下水作斗争,在防治水的过程中积累了丰富的实践经验。

对黄石地区水文地质情况的调查分析,可知黄石地区水患矿山具有如下特征。

(1)水患矿山多位于滨湖靠河地表水系发育,地势低洼的地方。

(2)水患矿山多发生于碳酸盐岩分布地区。碳酸盐岩经变质而成的大理岩岩溶、裂隙发育,具隐伏型岩溶特征,在地下排水条件下,多发生地表岩溶塌陷、沉降、开裂等地质灾害。塌洞、裂缝与地表水沟通,矿坑排水量突然增大,造成矿井突水事故。

(3)水患矿山多位于岩浆岩侵入体的周边接触带部位。岩浆岩侵入体接触带往往是构造断裂、裂隙发育部位,矽卡岩型铁、铜矿床多分布于岩体接触带,矿体围岩多为碳酸盐岩地层,受构造的影响,岩溶裂隙发育,富水性强。接触带断裂构造发育,岩石破碎,导水性好,与区域强含水层、地表水体沟通,矿区水文地质边界条件复杂。

(4)矿山水患的发生明显受大气降雨强度影响,多发生在暴雨期。多发时段主要集中在6至9月,是矿山水患灾害的重点防范期。

根据以上认识,我们对黄石地区地下开采工程生产、客观环境及水文地质条件等特点进行了分析,认为在生产过程中存在以下危险有害因素之任何一条,都有可能发生透水事故。

(1)地区雨量充沛,四季降水,春夏居多,多年平均降水总量为1 382.6mm。暴雨期降水量突然加大,造成井下涌水量突然增大。如1998年7月中旬的特大暴雨,大冶铁矿露采坑周边截排水沟被冲溃,洪水通过采空塌陷区及露采坑下渗,造成铁门坎采区-50m水平防水门巷道突水,导致该采区矿井全部被淹。

(2)矿区地形地貌条件复杂,地形不利于自然排水,地面防洪防水措施不当,地面水倒灌。如1988年铜绿山铜铁矿因青山河塌陷决堤,河水倒灌注入矿坑,致使露天坑和井下备受水害之苦。

(3)地表水(体)与主要充水含水层水力联系密切,地下水补给条件好,对地表水(体)没有采取防治水措施,地表水渗入或意外连通。如鸡冠嘴金矿1989年4月5日017线副井井筒+8m标高破损,地表水灌入,突水突泥(砂砾石)淹井,地面塌洞2个,地面变形1500m^2。

(4)矿区主要充水含水层富水性强,补给条件好,构造破碎带发育,导水性强且沟通区域强含水层或地表水体,矿坑涌水量大,采掘过程中采掘面突然连通强含水的地质构造,矿坑突水、涌泥。统计资料表明,由揭露或靠近断层接触带引起的突水事故所占比例很大,矿井突水事故的发生多与断层接触带导水有关。如2003年4月11日大红山铜铁矿主井-130m水平盲井施工,在-166m 标高接触带突水,进行强排水后,于 4 月 27 日再次突水,-200m 水平以上巷道被淹。

(5)区内碳酸盐岩埋藏条件复杂,为隐伏岩溶类型,第四系厚度大、分布广,矿坑疏干排水,地面产生大面积塌陷、沉降,对矿区地质环境造成极大危害,同时造成井下涌水量突然增大。如 20 世纪 80 年代初大冶大广山铁矿由于疏干强排水,在柯家沟河地带产生了大面积塌陷,地面塌洞达 74 个,在雨季、特别是洪水季节,柯家沟洪水沿塌洞下渗,多次突水淹井。

(6)水文地质勘探程度不够,对水文地质条件认识不清,采掘工作面穿通积水区。如大冶大志山铜矿在基建过程中,将巷道布置于矿体与接触带之间的矽卡岩中,始终沿接触带施工,由于距接触带太近而水压过大造成突水、突泥,于 2007 年 3 月 31 日凌晨淹井。

(7)测量错误或资料不准,使采掘面和水区连通。

(8)地压活动揭露水体。如鸡冠嘴铜金矿 1997 年 12 月因采空区未能及时充填,导致地表大面积陷落,塌陷面积达 $2000m^2$,水淹一期-130m 以上工程,造成数月停产。

(9)钻孔或爆破揭露水体。

(10)掘进过程违章作业或采掘过程没有采取合理的疏水、导水措施,使采空区、废弃巷道积水。

(11)采掘过程中未严格执行探、防水制度或探水工艺不合理。

(12)没有及时发现突水征兆。

(13)发现突水征兆后没有采取探、防水措施或采取了不合适的探、防水措施。

(14)没有防水门或防水门设计不合理。如阳新县鹏凌矿业公司 2004 年 6 月 16 日、大志山铜矿 2007 年 3 月 31 日突水,均由于未设置防水门,导致矿井很快被淹,分别有 11 人、6 人丧生,损失惨重。

(15)排水设施、设备设计或施工不合理。

(16)排水设备的供电系统出现故障。如按规定要求,卷扬机和井下排水泵等属于Ⅰ级用电负荷,必须要有两趟独立供电电源,而大志山矿区突水前变电所高压进线只有一趟高压电源,没有备用电源,突水后排水系统很快出现故障停止工作。

(17)对防、排水设施管理不善,水仓不及时清理,水泵维修不及时,透水时起不到排水作用。

(18)同一个矿区,多家开采,乱采滥挖,破坏防水隔离层。如 20 世纪 90 年代初,在大冶大广山铁矿区,个体无证开采,乱采滥挖,以致在 1996 年 4 月 9 日因连日降雨,矿井突水并严重塌方,造成 18 人死亡的惨剧。又如大冶铜山村喻家矿井在越界开采铜绿山铜铁矿南露天挂边矿时将原帷幕注浆隔水层破坏,使地表水由塌陷区经民采通道涌入露天坑,造成铜绿山铜铁矿 2003 年、2004 年两次淹坑事故,损失惨重。

以上这些危险有害因素的存在与出现,均有可能造成矿井水灾,造成人员和财产的损失。矿山水患与矿坑充水水源和充水通道、矿坑充水强度等因素有关,其中水文地质边界复杂是引发矿山水患的主要因素。

第四节 小 结

本章首先介绍了鄂东区域的地质特征,因鄂东区域的矿产资源主要集中在黄石地区,且黄石地区的地质特征及水文地质特征可以代表鄂东地区的特性,故主要对黄石地区的地质特征及水文地质概况进行了重点研究。

然后,通过进一步对黄石地区地层、构造、水文地质条件等进行调查,可知黄石地区以低山丘陵为主,地形相对高差100~500m,地层从古生界—新生界均有露出,以沉积岩建造为主,主要为碳酸盐岩、碳酸盐岩夹碎屑岩,溶蚀强烈,伴有燕山期中酸性岩侵入。黄石地区含水岩组主要有:第四系孔隙含水岩组、碎屑岩裂隙含水岩类、岩浆岩裂隙含水岩类及碳酸盐岩岩溶含水岩组。该地区水文地质环境复杂,地表水与地下水联系密切。

最后,通过对黄石地区大冶大红山矿、大冶铜绿山矿、大冶鲤泥湖矿、大志山矿、大冶铁矿等矿山的水文地质条件及水患原因进行调查分析,可知黄石地区矿区地下开采水患主要受大气降水的影响,多发生在暴雨期,主要发生于碳酸盐岩地区、岩浆岩侵入体接触带地区以及滨湖靠河地表水系发育、地势低洼的地区。

本章的研究为接下来研究地表水与地下水的联系与转换机制、分析地下水患机理提供了数据支撑。

第三章 非煤矿山地下开采地表水与地下水的联系与转换

地表水(surface water),是指陆地表面上动态水和静态水的总称,亦称"陆地水",包括各种液态的和固态的水体,主要有河流、湖泊、沼泽、冰川、冰盖等。

地下水(ground water),是指赋存于地面以下岩石空隙中的水,狭义上是指地下水面以下饱和含水层中的水。在国家标准《水文地质术语》(GB/T 14157—93)中,地下水是指埋藏在地表以下各种形式的重力水。

地表水对地下水进行补给以及地下水通过排泄到地表,使地表水与地下水相互产生联系与转换,保持生生不息的循环交替,支撑相关水文系统和生态环境系统的运行。

地下水补给是指饱水带获得水量的过程,水量增加的同时,盐量、能量等也随之增加;地下水排泄是饱水带减少水量的过程,减少水量的同时,盐量和能量等也随之减少。地下水通过补给和排泄,不断获得和消耗水量,保持不断流动循环,与外界发生水量、盐量和能量的交换。

地下水的补给来源主要为大气降水、地表水等。查明非煤矿山地下水的补给与排泄,即地表水与矿区地下水的联系与转换,对评价非煤矿山地下水患的危险性、研究地下水患机理、确定监测预警方法具有十分重要的意义。

第一节 地表水对地下开采的影响

地表水是地下水的主要补充来源,位于矿井附近或直接分布在矿井以上的地表水体,如河流、湖泊、水池、水库等,可直接或间接地通过岩石的孔隙、裂隙、岩溶等流入矿井,威胁矿井生产的安全。废弃矿井、坑道内的积水影响周围的地质情况,并给地下含水层进行补充,将导致已经探明的矿山水文地质情况发生改变,直接影响矿区安全生产。而矿区遭逢雨季,特别是暴雨时,地表水将涌入坑道和采空区,危害矿井作业人员安全,对矿山安全构成重大威胁。

以湖北省大红山铜铁矿为例,矿区位于大冶市城关镇西南郊约1.5km处的大冶湖畔,大冶湖地表水与地下水有水力联系,在特大洪水期(湖水位标高23.31m)湖水将漫过湖堤(标高19~20m),或者常年洪水期因湖堤溃堤时,除大冶湖新堤勤缘选厂附近高地及露采坑北东侧高地及采坑南部高地不被洪水淹没外,其他地段均将被洪水淹没。此时,湖水直接补给第四系残坡积含水层。岩浆岩风化裂隙含水层及外围东部湖边大理岩出露地段,对矿坑可能造成严重威胁,尤其是露天采坑也将被淹没。在湖堤加高加固,湖水不侵入矿区的情况下,湖水对矿区地下水的渗透补给将主要通过矿区外围东部湖边大理岩出露地段,特别是泉水出口处,其次是中心河附近及西部风化岩浆岩地段。无论是常年洪水或特大洪水时,如果在水体之下发生地面塌陷、塌洞等,湖水沿塌洞开裂灌入矿坑将是矿坑充水的最主要因素。

2004年6月16日,湖北省黄石市阳新县白沙镇鹏凌矿业有限公司在连续强降雨后,地表水通过第四松散层及大理岩岩溶区渗入补给,使地下水水位上升,导致发生特大透水事故,造成11人死亡,直接经济损失400多万元。

第二节 地下水对地下开采的影响

地下水往往是矿井涌水最直接、最常见的主要水源。当地下水进入工作面时,会造成多方面的影响:①造成顶板淋水、巷道积水,使工作面及其附近巷道空气潮湿,井下作业环境恶化,影响工人身体健康。②使排水费用增加,生产效率降低,开采成本提高。③导致井下各种金属生产设备、设施腐蚀和锈蚀,缩短生产设备使用寿命。④矿井水量一旦超过排水能力或突然发生大量涌水时,轻则造成矿井井巷或采区被淹、局部停产,重则直接危及工人生命和造成财产损失。

地下水主要分为孔隙水、裂隙水、岩溶水、老窿水,孔隙水往往发生于矿层的浅部,发生突水事故时伴随溃砂现象,动能较大;裂隙水一般涌水很快变小甚至疏干,如与其他含水层有水力联系时,可导致大水量或长期出水;岩溶水水量大、水压高,一般会造成严重水害事故;老窿水虽然总水量有限,但一旦出水,来势凶猛,极易造成人员伤亡事故。不论哪一种情形,只要地下水水量较大,就会严重影响矿井的生产和人员生命的安全,损失非常严重。

2003年湖北大红山矿井下160m处发生突水,引发了大范围的地面塌陷,破坏了大量鱼塘、农田,导致武九铁路复线路基塌陷(现已改线),并危及大冶市六中。2013年8月15日鄂州市黄土咀铁矿因揭露岩石破碎带,发生井巷突水事故,突水点水量约1270m^3/h,矿坑涌水量由15 000m^3/d猛增至45 000m^3/d,给矿山正常生产造成极大影响。

第三节 地表水与地下水的联系与转换

一、地表水补给地下水

黄石地区地表水系、水体发育,境内湖泊众多,水网密布,大小湖泊257处,湖域总面积约518.32km^2,自东向西主要湖泊有网湖、大冶湖、横山湖、梁子湖等。在这些地表水体附近往往分布有矿体,位于矿区内或矿区附近的地表水,往往可以成为矿坑充水的重要水源。矿井在当地侵蚀基准面上进行生产时,则不受地表水影响,开采时矿坑涌水量不大,平时巷道内干燥无水,只有在多雨季节井下涌水量才会增加,需考虑防洪。位于当地侵蚀基准面以下时,地表水有可能补给地下水,为地下水聚积创造条件,但是否成为矿坑充水水源,关键在于有无充水途径,即地表水与矿坑间有无直接或间接的通道。这种通道可以是天然的,如地表水通过矿体直接充水含水层的露头或导水断裂带;也可以是人为采矿所引起的破坏通道如顶板冒落带、岩溶塌陷、封孔质量不佳的钻孔或低于洪水位标高的矿井井口等。当地表水成为矿坑充水水源时,它对矿坑的充水程度,取决于地表水体水量大小、地表水与地下水之间联系密切程度、充水岩层的透水性、地表水的补给距离等因素。只有具备上述诸因素的有利方面,地表水才能成为矿井水的重要来源。

(一)大气降水补给地下水

大气降水是地下水的主要补给来源之一,所有的矿井充水,都直接或间接受到大气降水的影响。如图3-1所示,受地形、地貌、土壤、植被等条件的共同作用,大气降水一部分转化为地表径流,绝大部分被土壤拦蓄,入渗转化为土壤水,在重力作用下,其中的一部分下渗转化为地下水。

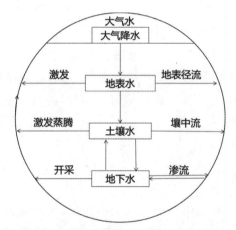

图3-1 "四水"相互转化的概念模型图

降水入渗过程,可分为3个阶段:①截留阶段,降水初期,一部分雨水被植物截留,一部分降到地面,湿润表层土壤。②下渗阶段,随着雨水继续降落,植物截留量达到最大限度,土壤进一步湿润,含水量增加。当表层土壤含水量达到一定限度时,雨水沿孔隙、裂隙向深部下渗。③产流阶段,当降水强度超过下渗速度时,地表开始积水,并沿坡面流动,充填坑洼,汇入沟河,形成地面径流。3个阶段既是相互联系的,同时又是交叉进行的。

影响降水下渗的因素:土壤结构颗粒、地面坡降、土壤理化性质、雨前地下水埋深、降水量及降水形式、雨强、植被。而降水入渗补给系数是这些因素的综合反映,即描述了降水对地下水垂直入渗补给的强弱。

大气降水对地下水的补给受到降水量、降水形式、包气带厚度等多种因素的影响。对于特定的入渗露头,其降水的入渗系数与降水形式和降水量有很大关系,降水量太小或太大都不利于入渗补给含水层。包气带的厚度及含水条件对大气降水入渗系数有较大影响,湿润条件的包气带有利于大气降水入渗补给,反之则不利于大气降水入渗补给。

大气降水是矿井水的总根源,它除了一部分被蒸发和随河流流走以外,另一部分则沿岩石的孔隙和裂隙进入地下,或直接进入矿井。特别是暴雨、洪水溃入矿井,会造成淹井及泥石流、滑坡淹埋矿井及工业场地等地质灾害。

大气降水在不同地区、不同季节、不同开采深度对矿井水的影响也不相同。在降水量少的时候,矿井涌水量就小;在降水量多的时候,矿井涌水量就大。即使在同一地区,由于大气降水量随季节变化,矿井涌水量也随着发生周期性变化。同时由于矿井开采深度不同,矿井涌水量也随着发生相应变化。一般而言,矿井涌水量随开采深度增加而增加,开采上山水平矿井涌水量较小,开采下山水平矿井涌水量较大。

受大气降水的影响,露天矿或充水含水层接受大气降水条件好的矿坑雨季时涌水量远远大于旱季涌水量。如铜山口铜矿为露天开采,矿区内大气降水是岩溶水的主要补给源。据长期观测资料,岩溶水水位动态随降水强度消涨,水位变幅为 1.44~4.8m;探矿坑道雨季最大流量为 17.054L/s,旱季最小流量为 1.828L/s,流量变化系数达 9.33。

(二)地表水补给地下水

地表水包括江、河、湖、海及水库、池塘等水体。当它们与矿区地下水之间具有水力联系且其水面高出地下水面时,均可对矿区地下水进行补给。

大气降水与地表水是地下水最重要的补给来源,两者各具不同的特点。从空间分布上看,大气降水补给是面状补给,范围广,比较均匀;地表水补给则是线状(河流)和点状(小湖、坑、塘)补给,局限于地表水体周边。在时间分布上,大气降水持续时间有限,而地表水体补给持续时间长,或是经常性的。

1. 河床水与地下水的联系

河流地表水-地下水的相互作用包括潜流交换作用、河岸调蓄作用和河床渗漏对地下水的补给作用。河岸调蓄和地下水排放与补给为单向流动,潜流交换作用是潜流带内的地表水-地下水双向流动。

(1)潜流交换作用:地表水经过地下水流动路径返回地表水的过程,是河流系统水文循环中的重要过程,直接影响河流系统中碳、氮、氧和营养物质运输等生物化学反应的进程,对保障流域生态健康起着重要的调节作用。

如图 3-2 所示,潜流带是河流河床内水分饱和的沉积物层,连接着河流水体、沉积物和地下水。潜流带中存在地表水与地下水之间物质和能量的交换与过渡,是河流生态系统的重要组成部分。潜流交换受到多种因素的影响,随着流量、水力梯度、河床形态、沉积物的渗透性和水沙表面梯度而变化。

(2)河岸调蓄作用:即调节作用,在流域汇流过程中,随着洪水的涨落所呈现出的流域蓄水量增加与减少的现象。洪水时,靠近河床部分的地下水水位由于河水流入会临时性地上升,这部分水量被临时储存,在洪水过后释放。

(3)河床渗漏对地下水的补给作用:河床底部的第四系松散孔隙充水含水层甚至第三系充水含水砂砾层往往呈不整合覆盖在下伏基岩或矿体之上,它直接接受大气降水和展布其上的河流的渗透补给,形成在剖面和平面上结构极其复杂的松散孔隙充水含水体。这些含水体

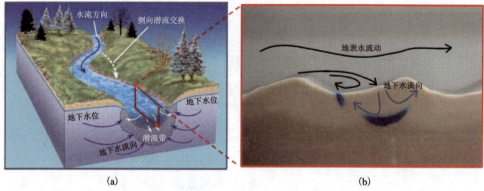

图 3-2 河流潜流带示意图
(a)弯曲河道潜流交换区示意图;(b)波状河床垂向潜流交换示意图

长年累月地不断地向其下伏的矿体和矿体顶底板充水含水层以及断层裂隙带渗透补给,其水力联系的程度因彼此间接触关系的不同和隔水层厚度及其分布范围的不同而变化。

河流与地下水的关系依据河水水位与地下水水位是否具有统一浸润曲线和河流切割含水层的程度,还可以分为 3 种类型。

(1)河水位与地下水水位具有统一浸润曲线,且河流完整切割含水层。当河流一侧的地下水受开采或其他因素发生变化时,不会对另一侧地下水的运动产生影响,也不会发生河流与地下水脱节现象,但河流水位升降将直接影响两侧地下水的排泄量或补给量。

(2)河水位与地下水水位具有统一浸润曲线,且河流非完整切割含水层。这种类型在自然界具有普遍性,根据河流与地下水的补排关系可进一步分为河流补给地下水、地下水补给河流、河流一侧补给地下水另一侧地下水补给河流、河流与地下水的补排关系随丰枯水期处于交替变化 4 种亚类。

(3)河水位与地下水水位脱节。渗流特征表现为河流以淋滤式渗漏补给地下水,河床底部处于非饱和状态,其中的水流是水-气掺混的非饱和流动,形成河流-河床下悬挂饱水带-包气带-饱和带水流系统。该现象在干旱半干旱地区具有普遍性。

影响河流和地下水关系演变的因素:地质地貌、物理化学和生物因素、水文、人类活动。

2. 湖泊与地下水的联系

一般情况下,地下水-湖泊交换类型随季节变化而发生变化。地下水-湖泊交换有 3 种不同类型。

(1)地下水穿流,如图 3-3 所示,湖泊的部分湖底接受地下水,而部分湖底发生渗漏。该类型在山区流域中出现的频率较多,且在具有恒定流向地表水体的平原地区也常出现,具体表现为湖泊在上游的入湖区接受地下水和下游的出湖区渗漏进入地下水。

(2)地下水进入湖泊,对湖泊进行补给,如图 3-4 所示。该类型常出现在两山低洼地区,当湖泊周边地势较高时,湖泊位于流域的地势较低处,湖泊水体的出流主要依靠蒸发的作用,入流则主要来自部分降水和地下水流。

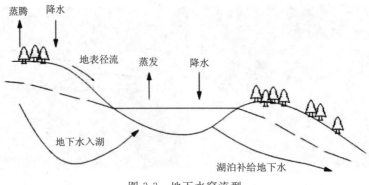

图 3-3 地下水穿流型

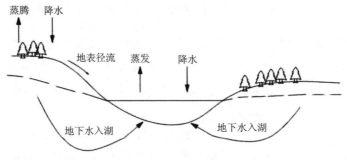

图 3-4 地下水补给河流

(3) 湖泊水对地下水进行补给,如图 3-5 所示。该类型常在地表水水位主要补给的湖泊流域出现,湖泊水体的出流受地势影响,或湖底的渗透性能较好,从湖底补给的地下水能够较快地排走,从而使含水层中的地下水水位维持在比湖泊水位更低的水平。

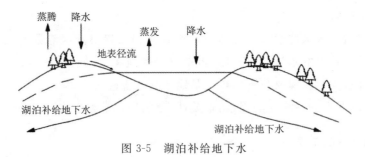

图 3-5 湖泊补给地下水

3. 地下水的其他补给来源

(1) 灌溉水补给:包括灌溉渠道和灌溉田间渗漏补给地下水。灌溉渠道的补给方式与地表水补给地下水类似,而灌溉田间渗漏补给地下水与大气降水入渗相似。灌溉水补给地下水的比例取决于灌水方式,不合理的灌溉可引起潜水位大幅度地上升。

(2) 人工补给:指采取有计划的人为措施,使地下水得到天然补给以外的额外补给。人工补给地下水可以利用含水层作为地下水库;可以维护生态环境;可以防治自然灾害等。人工补给地下水常采用地面、河渠、坑塘蓄水下渗补给和井孔灌注等方式。

二、地下水排泄

自然条件下,地下水通过泉(点状排泄)、河流(线状排泄)以及蒸发(面状排泄)等形式向地表水排泄。在一定条件下,一个含水层的水也可以向另一个含水层排泄,此时对后者来说,即是从前者获得补给。另外,用井、孔抽取地下水,或用采矿巷道疏水,用钻孔、渠道排水均属地下水的人工排泄。同时,随着经济社会日益发展,取水或排水工程日益增加,人工排泄的地下水水量在一些地区常大于天然排泄量,占相当大的比例,导致地下水水位持续下降。当井下排水量达到一定量时,就能大大改变含水层的补径排条件。

三、地表水与地下水的转换机制

天然条件下,分布在低山丘陵地带的裸露含水层为矿区地下水的主要补给区,河谷低地是地下水径流区,湖泊等盆地是地下水排泄区,大气降雨入渗后,由高海拔地区向河谷低地汇集后,在山脚一带以泉水形式排泄后流入地表水体。地表水体如河流、湖泊、池塘等与下部含水层之间没有良好的隔水层存在时,雨季地表水体补给地下水,枯水季节则由地下水补给地表水。地表水、第四系孔隙水及地下水三者之间在天然条件下一般为互补关系。地表水体如河流、湖泊、池塘等与下部含水层之间存在良好的隔水层存在时,地表水体与地下水之前渗漏补给较少,地表水与地下水之间的联系也较少。排水条件下地面易产生岩溶塌陷,形成新的众多地表水或第四系水的向地下水补给的"天窗",地表水体成为地下水的重要补给源。

开采条件下,上述地下水天然补径排条件发生变化,矿坑将成为人为的排泄中心,原来的排泄区将反向补给矿坑,原先作为排泄区的河流将转化为补给区,而且由于地面岩溶塌陷的大量产生,将形成新的众多地表水或第四系水的向岩溶水补给的"天窗",最终将形成以矿坑为中心的巨大的地下水水位降落漏斗。

如鸡冠嘴金矿:矿区位于大冶湖盆南岸的围垦区内,鸡冠山以北,地势平坦,地面标高一般在 15~16m 之间。矿区北部大冶湖中心河自西向东流过,在东北部经人工取直后,取名为红旗渠,河床标高 13.7m 左右,为当地侵蚀基准面。汛期矿区内涝积水,水位标高 18m 左右,特大洪水时水位标高 23.31m。矿区的副斜井、风井及与矿区一采区贯通的二、三、四民采井井口标高 16m 左右,均低于水位标高或特大洪水水位标高(23.31m)。若出现洪水位高于上述井口时,地表水沿井口下灌,地表水成为矿井充水的直接水源,严重威胁矿山安全生产。

如大志山铜矿:水南湾河床一带,构造断裂、岩浆活动较剧烈,由于岩溶作用的加剧,含水层非均质性较强,加之水南湾河水的渗漏补给,使得该区地下水源丰富,成为矿区主要的补给水源地,与矿坑之间的构造带成为了矿坑充水的主要通道。另外,在产生塌陷的地段及"天窗"附近,大气降水沿塌陷区倒灌和水南湾河流地表水入渗将成为岩溶地下水接受补给的重要方式,致使水南湾河水与深层地下水有一定的联系。

又如铜绿山铜矿:自建矿生产以来,由于矿山排水地面塌陷曾多次发生。自 1979 年起,在青山河流经的隐伏大理岩岩溶发育的地段,地面塌陷加剧,塌洞密集成群,大小塌洞两百余个,成为本区地面塌洞最多的一个矿区,造成河水大量下灌,曾一度断流,影响甚大。

还有鲤泥湖铜矿等,湖水通过地表岩溶塌陷区进入矿坑,地表水与地下水联系密切,从而成为矿坑充水的重要水源。而刘家畈铁矿矿体分布于九眼桥水库及万家港、陈良壁溪流临近的区域,万家港流经Ⅰ、Ⅱ号矿体与陈良壁溪在Ⅱ号矿体附近汇合成干流,注入九眼桥水库,但矿体之上分布的侏罗系—白垩系砂页岩为相对隔水层,下三叠统大冶组 1~3 段大理岩呈捕房体分布于岩浆岩中,岩溶不发育,因此,地表水与矿坑间无充水途径,地表水不构成矿坑充水水源。但刘家畈矿区经过多年开采,矿山井下采空区达 190 万 m^3,有产生冒落塌陷的可能,潜伏着地表水瞬时溃入矿坑的威胁。

第四节 典型案例

以黄石地区大冶铁矿为例,分析矿区地表水与地下水的联系与转换。

大冶铁矿自转入井下开采以来,一直面临的主要水文地质问题是井下矿坑突水造成淹井,矿山以往露采区及井下被淹没几十次,1970 年以前是由于露采区周围截水沟未修筑在大暴雨期间造成淹井,以后是由于截水沟破坏而在大暴雨期间造成淹井。特别是 1998 年 7 月中旬特大暴雨,使矿山地表截水沟被不同程度地冲溃,山洪造成铁门坎采区-50m 水平防水门内巷道断层突水,造成矿井全部被淹,井下积水约 10 万 m^3;尖林山二期石塔沟采区-170m 水平至-38.5m 水平的 7495m 巷道被淹,井下积水量达 8 万 m^3,89 台设备被淹;东露天采区积水深 26m,采区淹至-120m 水平,此次灾害造成直接经济损失达 1720 万元。

一、含(隔)水层特征

矿区范围在构造上处于铁山背斜部位,区内出露地层从新至老有第四系冲洪积及残坡积层、下三叠统大冶群,含(隔)水层特征分述如下。

1. 第四系松散岩类孔隙含水层

赋存于山麓堆积、废石堆及盆地中低洼谷地洪积层中。矿山开拓前有泉水出露地表,目前无泉水出露。冲洪积、残坡积具双层结构,上部以亚黏土、亚砂土为主,厚 0~20m,渗透性微弱;下部由中粗砂夹卵砾石、基岩碎块组成,厚 5~7m,透水性良好,据前人抽水试验综合渗透系数 K 为 0.21~1.65m/d,水位埋深一般 2~3m。人工堆积层主要由矿山倾倒的废渣、废石等组成,其结构松散,透水性强。

2. 下三叠统大冶群灰岩、大理岩等碳酸盐岩类岩溶裂隙含水层

岩溶裂隙水主要赋存于下三叠统大冶群灰岩、大理岩等碳酸盐岩的裂隙、溶洞中,矿区内长度约 4km,形成区内分布最广、最主要的含水层。

位于矿区东部的大冶群 1~4 段灰岩富含泥质,变质后为硅质大理岩。其裂隙密度小,岩溶不甚发育,除构造破碎带及褶皱轴部含水稍强以外,一般富水性较弱,微含裂隙水。据前人资料,其平均渗透系数 K 为 0.001~10^6m/d,据以往东采区尖山矿段南帮钻孔抽水试验结果其单位涌水量在 0.000 06~0.000 86L/(s·m)变化范围,说明大冶群的硅质大理岩实际上属相对隔水层。

在狮子山-象鼻山-尖林山-龙洞-铁门坎地段则逐步发育大冶群5~6段大理岩及白云质大理岩，其中大理岩受地下水溶蚀作用相对较弱，而白云质大理岩受地下水溶蚀作用较强，裂隙溶洞较发育，富水性较强。据前人在狮子山-象鼻山-尖林山-龙洞-铁门坎地段抽水试验结果表明，该地段地下水受大气降水补给，动态变化明显，属弱—中等富水性岩层，也是本区地下水最活跃地段。

3. 矽卡岩、矿体裂隙含水层

矽卡岩及矿体赋存于大理岩与闪长岩体的接触面，矿石主要属致密块状含铜磁铁矿矿石，其地下水受大气降水和风化裂隙水补给，大多属弱富水性的裂隙含水层。

4. 岩浆岩风化裂隙含水层

闪长岩类岩石广泛分布在矿区北部和东部，岩石致密坚硬，近地表带风化裂隙发育，裂隙率0.15%~7.4%，裂隙宽1~3mm，地下水受大气降水直接补给，风化带以下裂隙减弱，多呈闭合状，透水性能差，平均渗透系数$K<0.001$m/d，属极弱含水—隔水层。深部闪长岩体裂隙不发育，但其侵入接触带、构造、断裂破碎带及矿体赋存部位，裂隙发育，常形成局部构造裂隙含水带。

5. 构造破碎带的含水、导水性

张扭性断裂破碎带两侧发育有一系列次一级张性裂隙，是地下水活动的良好通道。1964年9月30日刚揭露时突水量19~29L/s，之后变小，受大气降水补给，季节性变化明显。

NW向F25断层破碎带是矿区规模较大的破碎带，长1500m，宽一般为10m，最宽处可达20m，东窄西宽，2008年《湖北省黄石市大冶铁矿矿区水文地质勘察报告》对该断层破碎带导水性评价为由于破碎带两侧有糜棱岩及黏土充填，限制了地下水的活动，根据狮子山矿段CK29-1孔（NW向F25构造破碎带）单孔提水试验成果，其单位涌水量q为0.000 04L/(s·m)，渗透系数K为0.000 018 3m/d，说明NW向断层在SE端浅部破碎带富水性差，不导水。

6. 隔水岩层

矿区隔水岩层主要为下三叠统大冶群硅质大理岩、上二叠统大隆组页岩及深部新鲜闪长岩。区域内闪长岩等岩浆岩体深部新鲜完整，裂隙不发育，为良好的隔水岩体，对铁矿床开采有利。

二、地表水与地下水、各含水层间水力联系

1. 地表水与地下水间的水力联系

矿区范围内无大的地表水体，矿区周边最大的地表水体是位于矿区西侧距矿区直线距离约1.0km的东方山水库，其库容为121.8×10^4m³，位于隔水闪长岩体上，对矿山开采无影响。另外，矿山开采前原有4条小溪，分别为铁门坎溪、龙林溪、象狮溪、尖狮溪，是矿山外排矿坑

地下水的通道。由于矿山开拓,各溪上游都已开辟成露天采区,溪流均已堵塞废弃。矿区南部的盛洪卿小溪为人工修建改造,与矿区地下水无水力联系。

2. 各含水层间地下水的水力联系

矿体与近矿大理岩具有统一的水位和密切的水力联系,属同一含水带。水位随地形变化大,疏干后矿区东采区地下水水位较西采区高,含水带内部各个方向水力联系差异较大。一般沿含水带北西向联系较好,水力坡降较小,而垂直含水带的南北方向联系次之,相应的疏干水力坡降较大。

三、地下水补径排条件

矿山开拓之前,地下水运动与地形吻合,基本上从北往南流动,北部大片闪长岩山地风化裂隙及大理岩裂隙溶洞裸露面接受大气降水渗透补给,沿坡地向南部山麓有低谷径流。在大理岩裂隙溶洞中渗透较快,至山麓谷地往往被第四系亚黏土层所阻,一部分以泉形式出露(象鼻山南坡脚姜安村泉,现已疏干,其以往流量未知),另一部分继续往深部龙门山倒转向斜构造的裂隙溶洞渗流,形成区域地下水。随着矿山开拓深度增加,近矿大理岩中的流向发生改变,由原来的从北向南流变为从南往北流入深部矿坑排泄,其余地段地下水流向并未改变。

四、矿井充水条件分析

矿井充水条件包括充水水源、充水通道和充水强度。

(一)充水水源

由上述分析可知,大冶铁矿的矿井充水水源有以下几种。

1. 大气降水

大气降水是矿区地下水的主要补给来源。矿区地下水接受大气降水补给后,最终排泄于矿坑,成为矿坑的充水水源。大气降水在地表沿分水岭分流,在矿区汇水面积范围内,沿地形由高向低径流,大多汇入塌陷坑、露采坑,并沿岩层错动裂隙、溶洞汇入矿坑,成为矿坑最主要的充水水源,矿坑涌水量与大气降水联系密切。

2. 地表水

矿区无大的地表水体。主要地表水体为白雉山水库,库容约 $70 \times 10^4 \mathrm{m}^3$,主要作为农田灌溉;东方山水库和矿山尾矿库均位于隔水岩体内。另外,矿区原有小溪4条,它们是铁门坎溪、龙林溪、象狮溪、尖狮溪。由于矿山开拓,各溪上游都已开辟成露天采场,溪流多已被山坡露天截水沟所取代,其中仍继续排泄地下水的只有铁门坎溪和象狮溪的下游地段,由于上游的大气降水汇入坑道排泄,地表流量也大为减少。因此,地表水不会成为矿坑的充水水源。

3. 地下水

在开采初期,坑道充水除大气降水补给外,矿区灰岩、大理岩地下水静储量较大,是坑道充水的主要影响因素,容易发生突水事故。随着地下开采的进行,强含水带的地下水已基本被疏干,地下水水位下降,地表产生塌陷和开裂,改变了大气降水渗入条件,矿区水文地质条件已发生变化,地下水对矿坑的充水量不大。

4. 采空区储水情况

大冶铁矿矿山采空区直接与地表连通,成为塌陷区,因此矿山当前无采空区,均为大面积分布的露采坑和塌陷区。大气降水经地表径流后汇集于露采坑,直接排泄于井下矿坑。

(二) 充水通道

矿山矿坑围岩主要为大理岩和闪长岩,大理岩岩溶裂隙含水层内广泛发育的岩溶裂隙通道和垂向发育的落水洞为矿坑的主要充水通道;井下巷道揭露的 NE 向构造断裂破碎带导水性能好,为井下矿坑重要的充水通道。此外,地表塌陷和错动裂隙也是矿坑的主要充水通道。

(三) 充水强度

露天开采和转入地下开采以来,由统计资料表明,东采区-180m 中段多年来排水量为 $5235m^3/d$,-540m 中段近年来排水量为 $1450m^3/d$。在地表水与地下水之间的转换过程中,发生淹井、涌水、涌砂等地质灾害。

1. 暴雨期淹井

矿山虽在各采区露采坑周边修建有截水沟,可在雨季时汇集一部分地表径流排出区外,减轻井下矿坑排水压力。但经本次工作对矿区地表截水沟的调查发现,矿区外围主截水沟均保存完好,能在雨季时起到对地表径流的截流外排作用,但由于区内滥采滥挖现象较为严重,矿区地形地貌变化较大,连接主截水沟的子截水沟大多已被破坏或彼此间不能相连,丧失了对雨季地表径流的截流功能,导致在主截水沟范围内大面积的地表径流大多都入渗进入井下矿坑,加大了矿坑涌水量,容易造成暴雨期淹井灾害的发生。如 2020 年 7 月,矿区连续降雨,当月降水量达 714.0mm,连续降雨产生的地表径流经入渗进入井下矿坑,造成了矿山小规模的淹井灾害。

2. 东采区井下涌水、涌沙灾害

2017 年 12 月 2 日,东采区象鼻山矿段-270m 中段运输巷道 11 号点西北端约 143m 处附近发生巷道底板涌水、涌沙灾害,为避免涌水点以东的作业巷道被淹,矿山采用沙袋坝对巷道东侧巷道交叉口进行了封堵,并设置了排水口。由于风化闪长岩、第四系堆积颗粒物随地表径流经过矿区 F25、F77 断层破碎带、塌陷区及大理岩与闪长岩层间接触构造破碎带,通过灰岩、大理岩裂隙、溶洞,地表径流与地下水混合,当水头压力达到临界值时,从巷道底板涌出,从而造成了-270m中段涌水(含泥沙)地质灾害。至 2017 年 12 月 28 日,封堵段巷道已积水深约 1.8m,淹没段长约 60m,涌水、涌沙量约为 1600m³/d。

矿区范围内露采、地裂、塌陷广布,以往对地表排土场、废石场、废渣堆滥采滥挖现象严重,水土流失严重,雨季地表径流携带大量经分选后的细小沙粒(多为风化闪长岩)入渗进入地下含水层系统中,长年累月造成当前东采区地下含水层系统中含沙量丰富,加之东采区地下水水位较高,将来矿山在井下开采掘进过程中,一旦揭露大的溶蚀裂隙发育带,发生井下涌水、涌沙灾害的风险较大,涌沙灾害将对东采区井下排水设施造成损害,进一步加大涌水、涌沙灾害的风险。

第五节 小 结

本章首先分析了地表水和地下水对非煤矿山地下开采的影响,得出地表水和地下水对地下开采影响恶劣的结论。

然后,调查研究了鸡冠嘴金矿、大志山铜矿、大广山铁矿矿区的水文地质条件,结合调查资料,总结分析并得出地表水与地下水相互补给的联系及转换机制。

最后,结合黄石地区大冶铁矿的水文地质资料,详细分析了矿区地表水与地下水的联系与转换机制。

本章通过研究地表水与矿区地下水的联系与转换机制,为评价非煤矿山地下水患的危险性提供了依据,为研究地下水患机理奠定了基础,对确定地下水患的监测预警方法具有十分重要的意义。

第四章 非煤矿山地下水患机理分析

第一节 地下水患分类

非煤矿山的地下水患类型依据不同的分类条件可以进行不同形式的划分,生产实践中经常根据矿井充水水源进行分类,可以分为老窿水、孔隙水、裂隙水和岩溶水,见表4-1。

表4-1 根据矿井充水水源的分类

类型		充水水源	充水通道	特点	防治方法
老窿水水害		本矿采空区积水、周边矿井采空区积水、老窑积水	巷道直接沟通、采动裂隙带、导水断层、裂隙	以静储量为主,总水量有限,但一旦出水,来势凶猛,易造成人员伤亡事故	有疑必探,坚持探放老窿水,或留设防水柱
孔隙水水害		第四系、新近系松散层水	导水裂隙带、冒落带、导水断层	往往发生于矿层的浅部,有时突水时伴溃砂现象	计算、观测导水裂隙带高度,留设足够的防水柱
裂隙水水害		砂岩、砾岩等裂隙含水层的水	采掘直接揭露、导水裂隙带、冒落带、导水断层	一般涌水很快变小甚至疏干,如其他含水层有水力联系时,可导致大水量或长期出水	提前探放,切断与其他含水层水力联系
岩溶水水害	薄层灰岩水水害	华北石炭纪—二叠纪煤田的太原组薄层灰岩岩溶水	采掘直接揭露、底板破坏带、底鼓、导水断层	一般情况下,可以疏干。但当与厚层灰岩含水层有垂向和侧向联系时,突水量便大大增加	提前探查,在有足够隔水层的条件下开采、疏水降压、注浆改造等
	厚层灰岩水水害	北方奥陶系灰岩水、寒武系灰岩水、南方茅口组灰岩水	导水断层、陷落柱、底板破坏带、以其他含水层为中间层	水量大、水压高,一般会造成严重水害事故	提前探查,在有足够隔水层的条件下开采、改造中间层,对导水断层陷落柱留柱或注浆加固

第二节　地下水患的影响因素

地下水水患的影响因素包括地质构造、矿山压力、底板岩性特征、工作面开采空间及开采方法、碳酸盐岩溶蚀特征与岩溶发育规律、底板含水层水压力等。

一、地质构造

地质构造（geological structure）是指在地球的内、外应力作用下，岩层或岩体发生变形或位移而遗留下来的形态。在层状岩石分布地区最为显著。在岩浆岩、变质岩地区也有存在。具体表现为岩石的褶皱、断裂、劈理以及其他面状、线状构造。对地基的稳定性和渗漏性有直接影响。如褶皱构造核部岩石破碎、裂隙发育，强度低，渗透性较大。尤其是断层，是造成矿层底板突水的主要原因之一。断层之所以成为底板突水的主要影响因素，有以下几个方面的原因。

(1)回采工作面底板岩体中存在断层时，底板的采动破坏深度增大。据现场底板岩体注水试验结果可知，断层破碎带岩体的导水裂隙带深度是正常岩体的 2 倍左右，如淮南新庄孜矿正常岩体的采动破坏带深度最大为 16.8m，而断层带岩体裂隙带深度最大为 29.6m。有限元数值计算也得出同样的结论，如图 4-1 所示（朱泽虎，1994）。

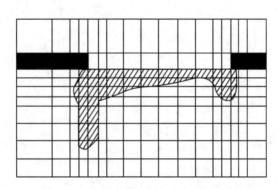

图 4-1　存在断层时底板岩体破坏范围

(2)断层的存在破坏了底板岩体的完整性，降低了岩体的强度。一般情况下，断层带内岩石的单轴抗压强度仅为正常岩石的 1/7。研究表明，在断层落差为几十米的情况下，断层附近节理区的出现是顺断层方向发展的，一般在断层两侧延展较小；断层落差为 2～7m 时，断层附近一般直接伴随岩石弱化区，其强度降低较大，范围离开断层约 1m，而一般岩石弱化区为 5m。据外国专家的研究，断层可以分成以下 4 级。

Ⅰ级—区域断层。它们将矿井井田划分为构造块段，落差通常为 30～100m。

Ⅱ级—地段断层。它们将采区划分为块段，是区域断层的分支，平均落差为 10～120m。

Ⅲ级—块段断层。其落差均为 2～20m，断层带宽度达数米。这类断层通常是长壁工作面的边界。

Ⅳ级—矿层断层。落差为 0～2m，断层裂隙密实。这类断层难以发现、需要进行详细巷探和超前地质描述。

从断层的分级类别可知,造成采矿工作面底板突水的断层主要为Ⅲ级及Ⅳ级。对于Ⅲ级断层可以采取留设合理的矿柱尺寸来预防其引起突水,而对于Ⅳ级断层,由于落差小且在工作面出现的频率大,很难发现的特点,在预测突水时应采取将其作为弱化区或平均降低底板岩体的力学参数的方法考虑。

(3)断层上下两盘错动,缩短了矿层与底板含水层之间的距离,或造成断层一盘的矿层与另一盘的含水层直接接触,使工作面更易发生突水。

(4)揭露充水或导水构造的断层破碎带或断层影响带时会发生突水。

查明区域构造体系,区分出导水、富水还是隔水断层对预测预防矿层底板突水是很有必要的。断层的导水与否主要与断层的力学性质有关。正断层是在低围压条件下形成的,其断裂面的张裂程度很大,并且破碎带疏松多孔隙、透水及富水性强。逆断层多是在高围压条件下形成,破碎带宽度小且致密孔隙小。所以,在其他条件相同的情况下,正断层的存在更容易造成工作面突水。实际情况中有一些压性逆断层,经过后期的构造运动变成张性正断层,导致断层性质的复杂化。另外,断层的导水性与断层的其他性质也有关,当断层面与岩层夹角较小或接近平行时,其导水性较差;反之则导水性较强。当断层带两侧都是坚硬岩体时,则导水性强;当断层带一侧为坚硬岩体,另一侧为软弱岩体时,则导水性弱,当断层带两侧均为软弱岩体时,则断层带的充填情况较好,其导水性很弱,甚至不导水。

二、矿山压力

除了采掘工作揭露充水或导水断层直接造成工作面直接突水外,大多数的回采工作面底板突水都与矿山压力的活动有关。矿压对矿层底板突水起着触发及诱导作用、尤其矿层底板存在断裂构造时,这种作用更加明显。

随着回采工作面的推进,处于矿壁前方的底板岩体,首先受到支承压力的影响而被压缩,当支承压力值超过底板岩层的极限强度时,在底板岩体中便出现塑性变形。当底板跨过此区而进入采空区时,这部分岩体由于卸载将由压缩状态转入膨胀状态,上部的直接底板在矿压及水压的作用下(主要是矿压)产生底鼓。由于组成底板的岩层每一层的厚度及力学性质不同,在纵向上表现出不均匀性,因此,各层的挠度不同,这样在层与层之间就会产生一定的顺层裂隙,这时向底板钻孔中压水,耗水量增加。同时,由于底板岩层的膨胀鼓起,在每层的表面将会产生垂直于层面的张裂隙。所以,在这一阶段底板岩层形成的采动裂隙最多,破坏程度也最大。随着工作面的推进,矿层顶板冒落的岩石将逐渐压实,底板岩层由膨胀状态逐渐恢复到原始状态,采动裂隙逐渐减少,甚至全部闭合。当底板岩层处于膨胀状态时,采动裂隙最发育,底板突水往往是发生在底板处于膨胀状态下。

随着拉应力的增加,岩体的渗透性增大。在底板岩体中处于膨胀状态的岩体主要受拉应力的作用,其渗透性将增大,涌水及突水的概率较大。

随着工作面的推进、老顶不断周期性地垮落产生巨大的冲击力,底板最容易诱发突水。因此,减小顶板初次来压及周期来压强度是预防底板突水的重要措施之一。

三、底板岩体特性

底板岩体的强度是突水的抑制因素。在评价底板岩体时,不仅要考虑其强度的高低,而且还要考虑其岩性及隔水能力。在其他条件一定的前提下,底板岩体强度越高,突水的概率越小。例如,石灰岩及砂岩的抗压及抗拉强度都很高,但是,当它们裂隙发育时,则可成为良好的透水层;而泥岩及页岩,虽然其强度较低,但是其隔水能力较强,并且,在采动过程中形成的采动裂隙经过一段时间后尚可以闭合,恢复其隔水性。

除此之外,底板岩层的层序排列及岩性组合对直接底板顺层裂隙的发育有很大的影响,下面将分两种情况来讨论。

(1)当矿层直接底板各层的岩性相等(所以弹性模量 E 相同),并且层与层之间的黏结力很小,可以忽略不计。由弹性理论可知,板的弹性曲面方程为 $\nabla^2 \nabla^2 \omega = 12(1-v^2)q/(Eh^3)$,即板的弯曲挠度($\omega$)与其厚度($h$)的立方成反比,所以,岩层的厚度越大,挠度越小;岩层的厚度越小,挠度越大。根据直接底板岩层不同厚度的组合分成三种形式。

①直接底板自上而下层厚逐渐增加,则各层的挠度自上而下越来越小,使得各层的弯曲相互独立,每层间均形成离层裂隙。如图 4-2 所示,这种情况对承压水上安全开采最为不利。

②某一层或几层岩层厚度很小,它(们)将静止在较厚的岩层上,其作用效果相当于一层岩层。如图 4-3 所示,由于第 3 层较厚,其弯曲挠度小于第 2 层的挠度,从而产生了离层裂隙。

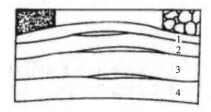 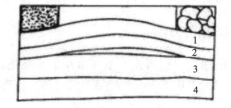

图 4-2 直接底板自上而下逐渐增厚　　图 4-3 直接底板第 3 层很厚

③直接底板岩层自上而下逐层变薄,则下部任一层岩层产生的弯曲挠度均大于上一层,使得几层岩层就像一层一样不产生离层裂隙,如图 4-4 所示,这种层序组合最利于承压水上开采。

(2)当直接底板岩层每层的厚度相等,并且层间的黏结力很小,可以忽略不计。在其他条件相同时,板的挠度与弹性模量成反比。即岩层越坚硬,强度越高,其弯曲挠度越小。反之,其弯曲挠度大。以下根据底板每层的软硬程度不同的组合,将直接底板分成三种形式。

①直接底板岩层自上而下由软逐渐变小。每层的弯曲相互独立,每层之间均形成离层裂隙。如图 4-5 所示,这种岩性组合对承压水上开采最为不利。

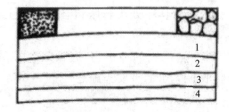 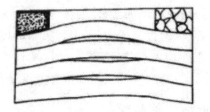

图 4-4 直接底板自上而下逐渐变薄　　4-5 直接底板自上而下逐渐变硬

②直接底板岩层自上而下由硬逐渐变软,则由于上部较硬岩层的挠度小,则下部的岩层将静止在上部较硬的岩层上,其作用是整个岩层相当于一层岩层,层间不产生离层裂隙。如图 4-6 所示,这种岩性组合对承压水上采矿最有利。

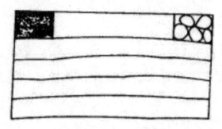

图 4-6　直接底板自上而下硬度逐渐减小

③当直接底板岩层为软硬交替出现时,根据其不同的组合方式将产生不同形式的离层裂隙。如图 4-7 为 3 种不同岩性组合而产生的离层裂隙。

从以上的分析可知,直接底板岩层的层序及岩性的不同组合产生不同的离层裂隙(或不产生离层裂隙),因此,在评价底板岩层在矿压作用下的破坏程度及隔水性能时,有必要首先查清底板岩层的力学性质及层与层之间的组合关系。当然实际的底板岩层不像上述假设的那样理想,而是由岩性各异、厚度不同的岩层组合而成的,所以,对于具体问题要经过力学计算或数值分析进行具体研究。很明显,当底板最上部一层岩层很厚而且强度很大时,它将抑制住下部岩层的上鼓,从而底板的上鼓量及离层裂隙将是最少的,这对承压水上安全开采十分有利。

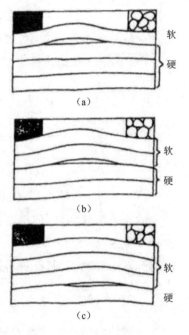

图 4-7　直接底板岩层软硬相间的 3 种情况

四、工作面开采空间及开采方法

在采矿方法一定的条件下,开采空间的大小决定着底板的突水与否。开采空间的大小主要由工作面斜长及采厚来衡量。开采空间越大,工作面周围的支承压力越大,从而底板的变形及破坏越严重,突水的可能性也越大。在实际生产中发现,当水压、隔水层厚度、岩性及构造条件基本一致时,工作面倾斜长度大的容易发生突水。在有突水危险的地区适当地减小工作面斜长可以防止突水事故的发生。同样,采厚越大,工作面周围支承压力越大,突水的可能性也越大。

不同的采矿方法与工作面突水有一定关系,采用矿压显现不剧烈的采矿方法,可以减轻工作面底板的破坏程度,有利于抑制突水的发生,实践证明,采用短壁工作面开采,条带开采或充填采空区,可以避免或减少突水事故的发生。

五、碳酸盐岩溶蚀特征与岩溶发育规律

碳酸盐岩的溶蚀特征与碳酸岩的溶解量、溶解速度有关,很大程度上控制着碳酸盐岩的

岩溶形态及岩溶发育规律,而岩溶是可溶性岩石,如碳酸盐岩,与水相互作用所形成的,而岩溶发育规律则决定着碳酸盐岩的富水性。掌握碳酸盐岩的溶蚀特征对于研究碳酸盐岩的富水性及岩溶形成与发育规律有重要意义。

(一) 碳酸岩溶蚀效应

碳酸溶蚀在自然界分布十分普遍,它发生在 $CO_2-H_2O-CaCO_3$ 体系中。体系中 CO_2 主要来源于土壤表层的生物带、大气以及石灰岩与硫化矿体接触带或岩溶体聚集的硫化物的氧化水解作用。

碳酸盐在水溶液中存在离解平衡:

$$CaCO_3 \Longleftrightarrow Ca^{2+} + CO_3^{2-}$$

$$CaMg(CO_3)_2 \Longleftrightarrow Ca^{2+} + Mg^{2+} + 2CO_3^{2-}$$

碳酸盐的溶解过程中,二氧化碳的参与起到非常重要的作用。碳酸钙在水中的溶解或析出与 CO_2 的进入或逸出建立如下化学平衡:

$$大气中\ CO_2 \Longleftrightarrow 水中溶解\ CO_2$$

$$CO_2 + H_2O \Longleftrightarrow H_2CO_3$$

$$H_2CO_3 \Longleftrightarrow H^+ + HCO_3^-$$

$$HCO_3^- \Longleftrightarrow H^+ + CO_3^{2-}$$

$$CaCO_3 \Longleftrightarrow Ca^{2+} + CO_3^{2-}$$

$$CaCO_3 + CO_2 + H_2O \Longleftrightarrow Ca^{2+} + 2HCO_3^-$$

酸离解提供的 H^+ 同碳酸盐离解的 CO_3^{2-} 相结合生成弱电解质。这一过程使溶液中 CO_3^{2-} 减少;导致 $[Ca^{2+}]\cdot[CO_3^{2-}]$ 或 $[Ca^{2+}][Mg^{2+}]\cdot[CO_3^{2-}]_2$ 的浓度积小于溶度积,使化学平衡向离解方向移动,引起石灰岩及白云岩溶解,这就是碳酸溶蚀机理。

(二) 碳酸盐岩性与岩溶发育形态关系

碳酸盐岩的化学溶蚀差异,造成岩溶发育的分异,并且形成极不均一的岩溶岩体。这种分异主要受碳酸盐岩的岩性控制,岩性不同,溶解量、溶蚀速度差异明显。

碳酸盐岩性及类型与比溶蚀度(K_v)的关系是:灰岩>云灰岩>泥质云灰岩>方解石>大理岩>泥质灰岩>灰云岩>泥质灰云岩>白云岩>泥质白云岩(表 4-2)。

表 4-2 岩石类型与比溶蚀度的关系

岩石类型	比溶蚀度(K_v)
灰岩	1.092 5
云灰岩	1.067 5
泥质云灰岩	1.01
灰岩、大理岩	1.00
泥质灰岩	0.965

续表 4-2

岩石类型	比溶蚀度(K_v)
灰云岩	0.905
泥质灰云岩	0.54
白云岩	0.49
泥质白云岩	0.48

碳酸盐岩溶蚀速度的内在因素主要决定于岩石矿物成分,其次是岩石的结构成因类型,下面分别进行讨论。

(1)泥晶灰岩、泥晶颗粒或颗粒泥晶以及较均一的晶粒结构灰云岩或云灰岩层的共同特点是晶粒细小,不具有孔隙扩溶作用,差异溶蚀弱,属于面溶蚀,一般情况下岩溶形态以溶隙为主。

(2)角砾状构造的重结晶泥粉晶灰岩和白云石化泥晶灰岩,根据溶蚀特征推断,它们的原岩可能为泥晶颗粒灰岩,颗粒成分较纯净,而基质则是在动荡环境下形成,含有较多杂质。在重结晶作用过程中,纯净的泥晶颗粒易形成较好的晶体,而由于基质含较多杂质则结晶程度较差,结构较疏松,加上残留的砾间缝隙使得溶蚀作用很不均匀。结构疏松并含有较多杂质和缝隙的优先溶蚀,而结构紧密部位溶蚀速度慢,形成易溶部位的隔壁,妨碍水流在岩层中交替,溶蚀水中的矿物很易达到饱和,存在先溶蚀后沉积的现象,这就是次生方解石脉和晶洞产生的原因。只有那些以疏松结构为主部位或地下水流集中部位才易于产生孔洞或洞穴,一般只发育不均匀的、联系很差的蜂窝状溶孔。北方普遍分布的角砾状灰岩岩溶发育而又成为相对隔水层,原因就在于结构不均一造成的蜂窝状溶蚀。

(3)具有花斑状构造的白云石化颗粒泥晶或泥晶颗粒灰岩,裂隙发育,白云石呈花斑状交代。花斑呈疏松状且花斑边缘有缝隙的则凹于岩面,花斑晶粒紧密镶嵌边缘无裂隙的则凸于岩面,凸于岩面的白云石颗粒易于脱落或形成白云石粉遭到整体破坏。不管哪种情况的花斑均易于被溶蚀破坏形成孔洞。加上这类岩层裂隙发育,沟通了花斑之间的水流运动。因此该类岩层一般易于发育整体溶孔成为含水层。

(4)白云岩多为成分和晶粒大小不均匀的晶粒结构,方解石和白云石及颗粒粗细之间的差异溶蚀,使得岩石易于发育成不均匀溶孔。成分和晶粒大小较均匀的白云岩溶蚀作用沿晶间进行,产生白云石砂或白云石粉。

(5)当碳酸盐岩质地不够纯净,结构组分分布不均,裂隙不发育时,则不易形成大的溶蚀形态。

(三)各类碳酸盐岩的溶蚀特征

通过化学溶蚀试验及岩石样品溶蚀前后的扫描电镜观测可知(表 4-3~表 4-5),各类碳酸盐岩具有如下溶蚀特点。

(1)灰岩:白云石含量<25%的灰岩几乎90%属泥晶及泥晶粒屑结构,孔隙度$\rho=1.10\%$~3.57%,比溶蚀度$K_v=0.9$~1.20。溶蚀特点是不均匀的溶孔与溶隙沟通,多沿裂隙溶蚀扩

大。这种分异作用的结果导致灰岩发育裂隙-溶洞水,岩溶现象发育强烈,在后续章节中将对含水层富水性进行详细介绍。

(2)云灰岩:白云石含量为25%~50%的云灰岩均属泥晶结构,$K_v=0.96\sim1.20$,交代白云石颗粒分散于泥晶颗粒中,其溶蚀特点是泥晶颗粒全面溶蚀后,白云石颗粒呈砂糖状白云石粉砂,这类岩石的溶蚀强度有时超过灰岩。岩溶强烈发育。

(3)灰云岩:白云石含量为50%~85%的灰云岩多属细—中晶结构,K_v与ρ值变化范围均大。其溶蚀特点是发育晶间孔洞,溶孔较灰岩多但分布均匀。故此类岩石往往发育裂隙-溶孔水含水层。其岩溶特点是发育多而密集的溶穴,而较少形成暗河。

表4-3 某地区非煤矿各类岩石溶蚀试验数据

钻孔号	岩块层位	试样体积/cm³	溶蚀量/mg	比溶蚀度/K_v	CaO含量/%	MgO含量/%
1	大青	2.46	11	1.03	40.22	0.73
	本溪(1)	1.2	8	1.54	61.3	0.33
	本溪(2)	1.6	9	1.30	50.58	0.61
	O_2顶	1.26	10	1.84	37.12	0.31
	O_2中	1.68	9	1.24	54.4	0.35
	泥灰岩	1.97	7	0.66	38.18	4.07
2	大青	2.28	10	1.01	35.12	1.2
	O_2顶	2.0	10	1.16	51.2	0.59
	O_2中	2.15	10	1.08	44.32	5.04
	O_2中	2.8	9	0.74	43.38	0.28
	O_2下	2.22	9	0.94	43.39	0.41
3	大青	2.52	11	1.00	57.89	5.45
	O_2顶	1.85	10	1.25	57.28	0.25
	O_2顶	2.2	9	0.946	53.02	1.33
	O_2中	2.1	11	1.21	41.89	0.24
	O_2下	2.31	11	1.10	45.45	0.33
	O_2下	2.46	11	1.03	29.31	0.22

(4)白云岩:白云石含量>85%的白云岩多属细—粗晶结构,K_v与ρ均下降($K_v=0.4\sim0.5$,$\rho=2\%\sim4\%$)。白云石晶粒镶嵌紧密,晶间孔洞少而孤立。岩石的晶粒愈粗K_v值愈偏小。岩溶发育弱于灰岩,往往作为相对隔水层。

(5)泥质灰岩:多属泥晶结构,K_v类同灰岩,反映其初始溶蚀程度与灰岩相似。泥晶颗粒溶蚀后,不均匀溶孔与溶隙沟通。但随着溶蚀的进展,黏土逐渐在溶孔内沉淀,阻止溶蚀的进行,导致岩溶弱而不能发育成溶道或暗河。岩体属不均匀的裂隙水含水层。

(6)灰岩类与白云岩类岩石的溶蚀机理具有实质性差异,前者主要沿裂隙溶蚀扩大(即分异作用);后者主要是沿分散孤立的晶间空隙溶蚀(扩散溶蚀作用)。从而导致灰岩岩溶发育不均匀,为裂隙-溶洞水,白云岩则为岩溶发育较均匀的裂隙-溶孔水。

(7) 不同类型灰岩随着含硅量的增加,比溶蚀度减小,岩溶发育程度降低。

表 4-4 奥陶系各类岩石溶蚀试验数据

岩石名称		溶蚀试验数据				
		溶解的 $CaCO_3$/mg	溶解的 $MgCO_3$/mg	比溶解度 K_{cv}	比溶蚀度 K_v	单位体积溶蚀量/mg·mm^{-3}
灰岩	含石膏假晶泥晶灰岩	47.30	0.74	1.06	1.21	0.028 52
	重结晶角砾状泥晶灰岩	55.33	1.70	1.17	1.13	0.026 74
	重结晶粉晶石灰岩	46.17	2.57	1.07	1.02	0.024 22
	泥晶内碎屑灰岩	43.71	0.29	0.91	0.95	0.022 45
	去白云岩化内碎屑泥晶灰岩	42.29	0.00	0.88	0.95	0.022 57
泥质灰岩	白云石化泥晶灰岩	47.37	1.13	1.07	1.19	0.028 17
	白云石化生物屑泥晶灰岩	44.12	1.98	1.04	1.16	0.027 50
	含粒砂屑灰岩	46.37	2.29	1.01	1.07	0.025 252
	白云石化泥晶灰岩	44.59	1.12	0.95	1.01	0.023 99
	白云石化泥晶生物砂屑灰岩	40.16	1.42	0.88	0.98	0.232 3
	强白云石化泥晶灰岩	42.31	1.24	0.91	0.95	0.022 56
灰质白云岩	泥粉晶灰质白云岩	52.84	2.55	1.17	1.24	0.029 26
	泥粉晶灰质白云岩	41.58	2.55	0.94	0.96	0.022 65
	泥粉晶灰质白云岩	15.09	8.03	0.50	0.48	0.011 47
	泥粉晶灰质白云岩	12.07	9.05	0.44	0.50	0.011 47
白云岩	粉晶白云岩	42.46	1.01	0.86	0.88	0.020 76
	粉晶白云岩	40.60	0.46	0.85	0.87	0.020 65
	重结晶中晶白云岩	16.76	14.24	0.65	0.69	0.016 37
	砂屑粉晶白云岩	12.15	8.43	0.46	0.55	0.013 11
	重结晶细晶白云岩	11.94	4.53	0.37	0.34	0.008 02

表 4-5 各类岩石溶蚀试验数据

岩石名称	化学成分/%					体积/cm^3	总溶蚀量/mg	比溶蚀度 K_v
	CaO	MgO	方解石	白云石	SiO_2等			
石灰岩	52.45	0.36	91.07	4.66	1.44	2.08	86.9	1.01
含白云石灰岩	49.43	1.65	81.73	11.95	4.65	2.00	92.7	1.07
含白云硅质灰岩	33.05	1.65	56.10	13.60	30.54	2.11	73.3	0.80
含白云硅灰岩	33.49	4.21	50.0	18.02	25.66	2.08	43.5	0.48
白云质硅岩	10.79	3.12	4.63	26.95	66.8	2.10	26.5	0.29

六、底板含水层水压力

位于矿层底板下部的承压含水层,其水压力的大小决定着底板是否会发生突水,而其富水性则决定着突水后水害的规模及对矿井的威胁程度,是造成矿井突水及淹井的主要源泉。在矿层底板突水过程中,水压力的作用主要表现在以下几个方面。

(1)承压水在水压力的作用下,渗透至底板的构造裂隙中并不断侵蚀形成导水通道。

(2)当底板岩层存在导水断层时,承压水会沿断层直接进入矿层。

(3)当含水层的上部岩层为透水层时,则承压水会渗透至该岩层内,造成底板隔水层厚度减小。

(4)当含水层的顶板岩层为弱透水层时,则承压水会越流入渗到该岩层,或直接越流渗透到工作面造成工作面涌水量增加。

(5)当含水层的顶板岩层为隔水层时,则承压水将作为一种静力作用于矿层底板上。当水压力较高或水流速较大时,承压水将挤入其顶板岩层中,并形成导水裂隙。

当其他条件相同时,水压力越大,发生底板突水的可能性越大。

第三节 地下水患的充水水源

地下水患的充水水源包括大气降水、地表水、孔隙水、裂隙水、岩溶水、老窿水等。下面以黄石地区地下水水患充水水源为例进行分析。

一、大气降水

大气降水是地下水的主要补给来源,所有的矿井充水,都直接或间接受到大气降水的影响。对于大多数生产矿井来说,大气降水首先渗入地下,补给充水含水层,然后再涌入矿井。它是一个间接的充水水源,对矿井生产的影响取决于降水量的大小和充水含水层接受大气降水的条件。对于露天矿,显然大气降水是露天坑的直接充水水源,其涌水量随季节变化很大。矿区降水量是决定矿井充水程度的根本因素,它直接支配着矿井涌水量的大小。矿井充水程度,与地区降水量大小、降水性质、强度和入渗条件有关。如长时间的降水对渗入有利,因此矿井涌水量大,反之,则矿井涌水量小。矿井涌水量变化与当地降水量变化过程相一致,具有明显的季节性和多年周期性变化规律,表明矿井充水水源是大气降水补给。

黄石地区雨量充沛,四季降水,春夏居多。多年平均降水总量为 1338～1408mm,年内降水量分配不匀,每年 3—8 月为雨季,以 4—6 月降水量最多,占全年降水总量的 46% 左右。最大日暴雨量达 404.5mm。由于大气降水的影响,露天矿或充水含水层接受大气降水条件好的矿坑雨季时涌水量远远大于旱季涌水量。

如铜山口铜矿:目前主要为露天开采,矿区内广泛分布的裸露型碳酸盐岩,大气降水是岩溶水的主要补给源。据长期观测资料,岩溶水水位动态随降水强度消涨,水位变幅为 1.44～4.8m;探矿坑道雨季最大流量为 17.054L/s,旱季最小流量为 1.828L/s,流量变化系数达 9.33。

又如大冶铁矿:先期露天开采,形成的露采坑既大又深,构成大气降水补给矿坑的重要充水因素。根据矿区 1:2000 地形地质图进行工程地质调查、测绘,圈定各采区露采坑和现状错动区分布形态及范围、地面塌陷范围、分水岭范围内汇水面积,并采用网格法计算各采区汇水面积,计算结果见表 4-6。

表 4-6　各采区汇水面积计算结果表

采区	汇水面积/km²		
	总面积	露采坑	地面塌陷、现状错动区
东采区	3.941	1.177	0.456
尖龙采区	1.630	0.157	0.303
铁门坎采区	2.403	0.365	0.092

通过收集东采区-50m/-180m 排水系统、尖龙采区-50m/-170m 排水系统及铁门坎采区-50m/-230m 排水系统历年排水资料,进行综合分析,将各采区排水系统历年旱季(1—3月、9—12月)日平均排水量作为矿坑枯水期涌水量,各采区排水系统历年雨季(4—8月)日平均排水量作为矿坑丰水期涌水量,分析评价深部矿坑枯水期和丰水期涌水量,详见表 4-7。

表 4-7　各采区现有矿坑涌水量表

采区	排水时段	枯水期涌水量 (1—3月、9—12月)		丰水期涌水量 (4—8月)	
		m³·d⁻¹	L·s⁻¹	m³·d⁻¹	L·s⁻¹
东采区 -50m 坑道	1976—1981 年	2338	27.06	8009	92.7
东采区 -180m 坑道	2002—2007 年	3264	37.78	7246	83.87
尖龙采区 -50m 坑道	1976—1981 年	2221	25.71	4114	47.62
尖龙采区 -170m 坑道	2007 年	2560	29.63	4031	46.66
铁门坎采区 -50m 坑道	1976—1981 年	1520	17.59	2946	34.10
铁门坎采区 -230m 坑道	2002—2007 年	2509	29.04	4790	55.44

从表 4-8 各采区现有矿坑涌水量分析,枯水期各采区坑道涌水量不大,丰水期各采区坑道涌水量明显增大。流量变化系数为 1.58~3.43,暴雨期东采区最大排水量为 79 200m³/d,日暴雨量为 282.2mm,流量变化系数达 24.3;尖龙采区最大排水量为 24 430m³/d,日暴雨量为 284.9mm,流量变化系数达 9.5;铁门坎采区最大排水量 54 124m³/d,日暴雨量为 404.5mm,流量变化系数达 21.6。大气降水成为矿山防治水的主要问题。

再例如阳新县富池镇港下铜矿:属裸露岩溶矿山,下三叠统大冶灰岩(大理岩)分布广,约 5km²,地表溶沟、漏斗、溶蚀洼地及落水井发育,龙口泉是矿区岩溶地下水集中排泄处。泉水涌水量变化受大气降水控制,旱季涌水量 0.01~0.02m³/s,暴雨季节,落水洞成为暴雨径流注入补给地下水的主要通道,泉最大涌水量可达 8.68m³/s(31 248m³/h)。由于矿坑紧邻龙口泉,受矿坑排水影响,旱季泉水被疏干,雨季当泉水涌水量大于矿坑排水能力时(1700m³/h),矿坑有被淹没的危险。

根据资料,黄石地区的部分矿山露采面积逐渐扩大,受大气降水影响,矿坑涌水量也逐渐增加,其最大涌水量与正常涌水量变化系数最小的有 1.5,最大可达到 25.58。黄石地区露采坑情况统计见表 4-8,金山店铁矿等由于露采坑及深部采矿所引起的地表塌陷范围越来越大,大气降水成为矿山地下开采地下水的主要补给来源。

表 4-8 矿坑涌水量及变化系数统计表

矿山名称		露采坑面积/万 m²	采空塌陷区面积/m²	矿坑涌水量/m³·d⁻¹		变化系数	备注
				正常	最大		
武钢集团大冶铁矿	东采区	117.7		4800	24 640	5.13	露天转井下开采
	尖林山	15.7		1837	5600	3.05	露天转井下开采
	铁门坎	36.5		640	3360	5.25	露天转井下开采
大冶有色金属有限责任公司铜绿山矿		86		4500	8000	1.78	露天转井下开采,北露采坑与井下−65m中段贯通
大冶有色金属铜铁矿				200~300	500~600	2	采空冒落塌陷面积大
大冶市铜山张敞铜铁矿		10.1		3537	9 268.3	2.62	露天转井下开采,露采坑与井下巷道连通
大冶市柯家山铁矿		不详		700	1400	2	露天转井下开采,露采坑与井下部坑道连通
大冶市大红山矿业公司		19.8		1165	2665	2.29	露天转井下开采
大冶市金井嘴金矿		4.58		4000	18 450	4.6	帷幕建成后平均涌水量为 145 m³/d
大冶市保安镇营铁矿		4.25		1560	6300	4	露天转井下开采,采空冒落带裂隙与露采坑存在沟通
大冶市陈贵镇刘家畈矿业公司		11.288 8		170	4348	25.58	露天转井下开采
马石立铁矿		1.6		3015	10 060	3.34	采空区规模达 170×10⁴ m³
大冶有色金属公司铜山口		40.45		19 136	37 966	2	矿区外围岩溶灰岩裸露,地表岩溶发育,易于降入渗补给地下水

续表 4-8

矿山名称	露采坑面积/万 m²	采空塌陷区面积/m²	矿坑涌水量/m³·d⁻¹ 正常	矿坑涌水量/m³·d⁻¹ 最大	变化系数	备注
大冶市陈贵镇大广山铁矿	4.5		20 000	40 000	2	露天转井下开采，露采坑与采空区连通
大冶市铜山口张泗铁矿			1188	3404	2.87	露天转井下开采
大冶市灵乡镇硚管铁矿			416	9823	23.61	露天转井下开采，露采边坡不稳，垮塌
金山店铁矿 张福山	42	48.7 万	2395	11 159	4.66	露天转井下开采
金山店铁矿 余华寺	8.11	26.9 万	2165	4697	2.17	露天转井下开采
大冶有色金属公司丰山铜矿	37.43		6968	20 904	3	露天转井下开采，雨季大气降水大量灌入地下
鸡笼山金矿		3.6 万	2700	7880	2.9	老隆多达103个（0m标高以上）
大冶有色金属公司赤马山铜矿			700~1000	7000~8000	>8	岩溶灰岩裸露面积大，岩溶洼地容洞发育，雨季雨水入渗灌注补给地下水
阳新县鑫矿业公司港下铜矿			3600	>40 000	>11.1	老隆积水是矿坑突水的重要因素
阳新县鑫华矿业有限公司		50 万	100~150	900~2000	>9	−156m水平以上已采空，乱采滥挖，采空重叠，存在安全隐患
阳新县白沙镇牛头山铜矿		不明	736	5284	7.2	
阳新县欧阳山铜矿			100	2000	20	采空错动带裂隙长200m
阳新县鑫成盛矿业有限公司白云山铜矿		76 617	2000	3000	1.5	

二、地表水

黄石地区地表水系、水体发育,境内湖泊众多,水网密布,大小湖泊257处,湖域总面积约518.32km²,自东向西主要湖泊有网湖、大冶湖、横山湖、梁子湖等。在这些地表水体附近往往分布有矿体,位于矿区内或矿区附近的地表水,往往可以成为矿坑充水的重要水源。矿井在当地侵蚀基准面上进行生产时,则不受地表水影响,开采时矿坑涌水量不大,平时巷道内干燥无水,只有在多雨季节井下涌水量才会增加,需考虑防洪。位于当地侵蚀基准面以下时,地表水有可能补给地下水,为地下水聚积创造条件,但是否成为矿坑充水水源,关键在于有无充水途径,即地表水与矿坑间有无直接或间接的通道。这种通道可以是天然的,如地表水通过矿体直接充水含水层的露头或导水断裂带,也可以是由人为采矿引起的破坏通道如顶板冒落带、岩溶塌陷、封孔质量不佳的钻孔或低于洪水位标高的矿井井口等。当地表水成为矿坑充水水源时,它对矿坑的充水程度,取决于地表水体水量大小、地表水与地下水之间联系密切程度、充水岩层的透水性、地表水的补给距离等因素。只有具备上述诸因素的有利方面,地表水才能成为矿井水的重要来源,否则,地表水不一定成为矿坑充水水源。

如大广山铁矿:矿山基建过程中风井于-160m标高掘进主平巷时,在闪长岩沿脉施工遇接触带见溶洞发生突然涌水,瞬时水量达417m³/h左右。与此同时在柯家沟小溪两侧出现塌洞几十个。当时正逢雨季,柯家沟汇集地表径流自塌洞向下灌入,造成地下水水位回升,使井下处于强排水和排循环水的危险境地。由于大力强排,迫使地下水水位复而下降,地面再次塌洞,导致矿山专用高压线电杆倒塌,杆倒断电,造成一次重大的断电淹井事故。又如铜绿山铜矿:自建矿生产以来,由于矿山排水地面塌陷曾多次发生。自1979年起,在青山河流经的隐伏大理岩岩溶发育的地段,地面塌陷加剧,塌洞密集成群,大小塌洞两百余个,成为本区地面塌洞最多的一个矿区,造成河水大量下灌,曾一度断流,影响甚大。还有鲤泥湖铜矿等,湖水通过地表岩溶塌陷区进入矿坑,地表水与地下水联系密切,从而成为矿坑充水的重要水源。而刘家畈铁矿矿体分布于九眼桥水库、万家港、陈良壁溪流临近的区域,万家港流经Ⅰ、Ⅱ号矿体与陈良壁溪在Ⅱ号矿体附近汇合成干流,注入九眼桥水库,但矿体之上分布的侏罗系—白垩系砂页岩为相对隔水层,下三叠统大冶组1～3段大理岩呈捕虏体分布于岩浆岩中,岩溶不发育,因此,地表水与矿坑间无充水途径,地表水不构成矿坑充水水源。但刘家畈矿区经过多年开采,矿山井下采空区达$190×10^4 m^3$,有产生冒落塌陷的可能,潜伏着地表水瞬时溃入矿坑的威胁。

三、孔隙水

黄石地区第四系松散物沉积类型较为复杂,各种陆相沉积,如冲积、洪积、湖积、残积、坡积等较为广布。孔隙水广泛分布在第四系松散沉积物中,孔隙水的存在条件和特征取决于孔隙发育状况,孔隙的大小不仅关系到其透水性的好坏,也影响到地下水量的多少和水质。本区第四系松散孔隙充水含水层甚至第三系充水含水砂砾层往往呈不整合覆盖在下伏基岩或矿体之上。它直接接受大气降水和展布其上的河流、湖泊、水库等地表水体的渗透补给,形成在剖面和平面上结构极其复杂的松散孔隙充水含水体。这些含水体长年累月地不断地向其下伏的矿体和矿体顶底板充水含水层以及断层裂隙带渗透补给,其水力联系的程度因彼此间接触关系的不同和隔水层厚度及其分布范围的不同而变化。同时还会因各类钻孔封孔质量的好坏,引起水力联系的变化。这些变化往往导致有关充水含水层的渗透性和采空区冒落裂隙带的导水强度难于真实判断。孔隙水对矿山生产建设的影响表现在:井筒开凿中若遇颗粒大而均匀沉积物时,需加大排水能力井筒才能穿过,若遇颗粒细小而均匀的砂层,因饱含孔隙水,易形成"流砂层"而难处理。在浅部开采矿体时,采空区垮落波及上覆砂砾石含水层时,会造成透水和涌砂事故。如鸡冠嘴金矿1989年4月5日17线副井+8m标高位于第四系砂砾石层中的井筒破损,造成突水突砾淹井,井口附近产生塌洞2个,共485m^3,变形范围达1500m^2,并导致了6人死亡的惨剧。

四、裂隙水

黄石地区该类地下水主要赋存于西塞山以东的长江阶地后缘、大冶湖北岸及西部等区域分布的砂岩、砾岩层裂隙中,含水岩组由上泥盆统五通组、中上三叠统蒲圻群变质碎屑岩、中上侏罗统武昌群、下白垩统灵乡群、白垩系、古近系、新近系组成。裂隙水的赋存和特征与裂隙性质和发育程度有关。根据裂隙的成因,它可分为风化裂隙、成岩裂隙和构造裂隙三类。其中,以构造裂隙对矿山生产影响为大。一些矿区的矿体上部常有厚层砂岩和砾岩,裂隙发育,如与上覆第四系冲积层和下伏岩溶含水层有水力联系时,可导致大突水事故以及建井时期发生淹井事故。若无补给水源时,涌水量小,且以静储量为主,易疏干;若有其他水源补给时,水量大且稳定。发生过此类水害的矿井,例如金山店铁矿基建施工的3个竖井都遇到闪长岩中一组北西西-南东东向裂隙密集带,宽0.2~0.4m,裂隙破碎带沟通含水带地下水,引起三次大突水现象。1973年1月主井-270m标高突水,突水量150m^3/h;1974年1月副井-331m标高突水,突水量280m^3/h;1973年9月西风井-125m标高突水,突水量115m^3/h,并同时引起其西北方向200m处的李万隆沟谷稻田里产生塌坑19处。

五、岩溶水

黄石地区分布的中三叠统—石炭系碳酸盐岩石为接触交代成矿配备了极为有利的围岩条件。大部分岩体,在地表和浅部侵入三叠系中,少部分侵入石炭、二叠系地层中,仅殷祖岩体及其周围小岩体主要侵入志留系中。碳酸盐类岩石为可溶性岩类,在地下水的作用下,岩溶裂隙发育,岩层富水性较强,构成黄石地区非煤矿山主要充水含水层。区内碳酸盐岩埋藏条件复杂,可分为裸露区及隐伏—埋藏区。

1. 裸露区

北部位于黄荆山和长乐山一带,南部位于铜鼓山、铜山口、大广山、大箕铺以东至太子庙一带。主要由大冶群组成,地表发育有各种岩溶形态,为区内地下水主要补给地,泉水出露在山麓地带的薄层与中厚层、厚层状灰岩分界线附近或断裂带上。

2. 隐伏—埋藏区

该区位于区内中部的低洼地带,隐伏在第四系松散层之下,或倾覆在岩浆岩之下或以正常顺序埋藏于蒲圻群碎屑岩之下,顶板埋深20～400m不等,岩性以大理岩为主,含水介质为溶洞溶蚀裂隙,在标高－150m以上发育最强。

具有一定厚度松散层覆盖的岩溶矿区,因矿坑排水后,极易导致地表产生岩溶塌陷。岩溶塌陷必须具备上覆土体陷落运移通道和能使其释放的空间(溶洞或空区)。塌陷的形态平面上多半为圆形、椭圆形,剖面上为坛形、井状、漏斗状。它多半分布在第四系厚度较薄处、河床两侧和地形低洼地段。岩溶塌陷通道的存在极易引起第四系孔隙水、地表水大量下渗和倒灌,使大量水和泥砂涌入矿井,对矿井安全生产造成极大的威胁。研究矿区塌陷规律,对评价灰岩含水层充水条件及对矿山生产的影响具有重要意义。

根据岩溶发育程度及容水空间不同,又可分为裂隙岩溶水和岩溶裂隙水两类。

1)裂隙岩溶水充水特征

岩溶较发育,常呈多层"架空结构",岩层富水性强至中等,其主要分布地层单元为下三叠统大冶群4～7段、中上石炭统、中上寒武统、下二叠统茅口组等。下三叠统大冶群为本区分布最广的可溶岩。

如鸡冠嘴金矿、铜绿山铜矿、鲤泥湖铜铁矿、大红山、金井嘴、兴红(下四房)、大志山(叶花香)、大广山铁矿及阳新县赵家湾铜矿(一矿带)等均为顶板或底板直接充水的裂隙岩溶充水矿床,碳酸盐岩隐伏于第四系之下,岩溶含水层是矿坑的主要充水因素,因而具有矿坑涌水量大、易发矿坑突水和地面岩溶塌陷等水害的特点。

2)岩溶裂隙水充水特征

黄石地区碳酸盐岩岩溶裂隙含水岩组,下三叠统大冶群2～3段、上二叠统龙潭组、下二叠统栖霞组及奥陶系等。该类地层岩溶不发育或发育较弱,储水空间以溶隙为主,富水性中等。一般情况下,这些含水层是可以疏干的,但是,当这些岩溶裂隙含水层与地表水体发生水力联系时或被地质构造切割,造成垂向的导水通路和横向与裂隙岩溶含水层对接水力联系时,这些含水层的富水性便大大增加。因此,在具有强水源补给和接近导水通道的部位,常发生较大灾害性突水事故。

在鄂东地区,裂隙岩溶水和岩溶裂隙水含水层之间无明显的隔水层存在,因所处的位置标高不一样,浅部岩溶发育,以溶洞为主,富水性强;深部岩溶发育弱,以溶孔、溶隙为主,富水性弱,实为同一含水层。根据鄂东地区铁、铜矿的水文地质调查资料,各地质时代的可溶岩的岩溶发育程度和分布规律表现得比较复杂,与水文、地貌、地质构造、岩性、埋藏深度以及硫化矿床氧化带的存在等多种因素密切相关。根据地表观察和钻探揭露得知,中、下三叠统石灰岩表生岩溶有溶蚀洼地落水洞等溶蚀现象,而石炭系—二叠系石灰岩的岩溶更为发育,表生有各种岩溶形态,地下有溶洞。但就勘探矿区大量钻孔统计资料来看,地下灰岩溶蚀强弱并不均一。深浅也有差别,其特点如下。

(1) 质纯、厚层的石灰岩岩溶比较发育。

质纯的厚层石灰岩的岩溶化程度比白云岩、白云质或泥质、硅化或矽卡岩化灰岩(大理岩)以及薄层状灰岩为强。鄂东地区的铁、铜矿床主要是矽卡岩型接触交代矿床。石灰岩是这类矿床的直接围岩(顶板或底板)。在靠近接触带附近的灰岩多已变质为大理岩。据调查,质纯的石灰岩或含白云质的中厚层状大理岩岩溶化程度强,而泥质的、硅化的、矽卡岩蚀变的或薄层状大理岩则较差。以叶花香铜矿床为例,沿接触带这两种岩性兼而有之,接触带西半部为含白云质的中厚层状大理岩,东半部为泥质及矽质条带状大理岩(近接触带多已矽卡岩化),两者相比较,前者比后者显见更为发育。

(2) 溶洞多顺层沿带发育。

区内石灰岩经多次构造褶曲变动和岩浆侵入与挤压作用,造成褶曲构造轴部和近成矿构造接触带附近岩层破碎,裂隙发育,给可溶岩遭受地下水的溶蚀提供了良好的条件。因此,往往成矿接触带即是断层破碎带,又是含水带。矿区围岩的岩层走向与成矿构造接触带的走向基本一致,有的顺层接触,有的与岩层略有斜交。接触带产状一般较陡,大理岩的溶洞多作顺层沿带向纵深发育。通过溶蚀裂隙和溶洞贯通上下,纵横联系全区。对大冶铁矿之大理岩溶洞统计表明,大理岩近接触带百米之内占了 87.2%,而远离接触带则溶洞较少发现。可溶岩与非可溶岩层面接触部位通常也是岩溶最易发育的地段。地下水在岩溶灰岩中径流运动,遇不透水层受阻后,则顺层面方向运动或汇集。当遇有条件适宜于出露的地段时,地下水则顺层上升或沿构造断裂破碎带溢流于地表,形成了泉水,由于地下水的长期排泄和运动,从而加强了可溶岩的进一步溶蚀,致使溶洞比较发育。如金山店铁矿区余华寺矿床的三叠系灰岩以断层与蒲圻群砂页岩接触,沿层面接触线灰岩溶蚀强烈,并有泉水出露。

张性断裂构造对岩层切割破坏厉害,特别是断层交叉错动的部位岩溶尤甚,这些地带的地下水活动剧烈,多为地下水主要径流方向。叶花香铜矿床在位于矿带顶板以北 800m 远的水南湾河谷地段,其下隐伏灰岩被断层交叉切割,钻孔揭露灰岩岩层破碎,溶洞特别发育,溶洞最大高度可达 15.57m,钻孔溶洞率高达 26.34%,显得格外突出。

(3) 浅部岩溶发育,溶洞充填率高,深部岩溶减弱,溶洞充填差。

本区石灰岩或大理岩的岩溶垂向分带发育规律明显可见。以铁、铜矿床的矿体主要围岩——大理岩的岩溶化程度来说,不论矿区构造复杂程度如何或岩性成分变化怎样,岩溶的发育程度总是浅部较深部为强,延深达一定深度之后就显见减弱。这种现象是与古地理环境和地下水沿垂向运动向深部循环滞缓所致。据多数矿区调查资料统计表明,大理岩裸露的山区岩溶发育深度一般较浅,而隐伏灰岩则发育较深,与地形关系密切。据统计大理岩岩溶发育带一般在 200m 左右,其中岩溶强发育段的下限,属基岩裸露区多在 0m 标高稍下,属隐伏岩溶区则在 −60m 标高左右或以下。个别矿区因断层构造或硫化矿床氧化带例外,可延深更大些。在矿区隐伏岩溶浅部强发育带内,溶洞多为黏土和砂砾或碎石所充填,但在岩溶发育带下,则充填物甚少存在。矿山基建初期,在浅部强岩溶带挖掘巷道遇溶洞突水常有泥砂溃入巷道,而在深部掘进虽遇溶洞或较宽的裂隙发生突水时,则一般为清水或稍见混浊。如叶花香矿井巷基建时一中段($-10m$)、二中段($-60m$)掘进石门时,均发生过流泥涌砂现象,而在四中段($-160m$)打疏孔放水时,虽有来自放水孔的高压地下水喷射,但也仅开闸时水流短暂混浊,这就说明深部充填程度甚差。

(4)硫化矿床氧化带岩溶发育。

铁、铜矿床中矿体里的硫化矿物被氧化后,沿矿带形成了酸性地下水。由于硫化矿床氧化带中酸性地下水的作用,则加强了大理岩的岩溶化程度。因此,沿接触带大理岩溶洞发育带的埋藏深度和向矿带外的扩展宽度总是与硫化矿床氧化带的分布密切相关的。铜绿山铜矿是本区矿床氧化带最为发育的矿床之一。全区110个揭露大理岩的钻孔就有72个孔见洞,钻孔见洞率达65.4%。揭露的溶洞多达316个,有的钻孔溶洞呈"串珠"状,大小洞相间出现构成了岩溶发育带内的强岩溶段,溶洞率高达8.53%,而全矿区平均也达5.91%。显示了硫化矿床氧化带岩溶显著发育。

鄂东地区矿山排水地面塌陷主要发生在第四系疏松层覆盖的隐伏岩溶区,塌陷形态以塌洞为主,但地面开裂和地面沉降也兼而有之,见表4-9。

总结黄石若干矿床的地面塌陷,其规律如下。

(1)塌陷多发生在河床和沟溪附近。本区的铁、铜矿床多位于山间洼地。这些地方沟溪发育,或滨湖靠河,距地表水近,矿区地面塌陷多发生在河床、沟溪或湖滨洼地之中。叶花香铜矿床有半数以上的溶洞发生在水南湾河床附近。其中塌落在河床下的有19个,位于河漫滩的有11个。在长约2km的河段上共塌洞几十个。塌洞沿河成群结带,局部密集重叠。塌在河中者被水淹没,河水顺洞下灌。在放水之前和放水进程中,曾沿河作了自然电场法物探,发现沿河塌洞密集分布即自电负异常段。自电最大峰值可达$-200mV$。经钻探验证土层不厚,隐伏灰岩溶蚀强烈,溶洞格外发育。

(2)塌陷多见于地表低洼的地段。黄石地区水网密布,矿区内外山间沟谷或滨湖洼地分布普遍。这些地段通常浅层岩溶发育强烈,第四系疏松沉积物又不厚($<20m$)。隐伏岩溶含水层的地下水多具微承压性。由于地势低洼,第四系疏松层处于饱水状态或底部有砂砾卵石孔隙水分布,在天然条件下基岩地下水自山区向河谷或山间洼地排泄。地下水或出露于地表,或补给第四系孔隙水含水层。但当矿山排水疏干后,原来的天然排泄区则转化成矿坑水的补给区。于是泉水干涸,河水渗漏,即使隔山过岭远在两三千米以外,也会使地面产生塌陷。叶花香铜矿坑道$-60m$标高(二中段)排水$700m^3/h$,地下水水位降深50余米时,沿接触带向西延伸到2600余米以外的泉水被疏干,地面塌了数个洞。又如,位于大冶湖边的铜绿山铜矿,在勘探期间进行钻孔抽水试验时,同样在湖滨洼地引起了地面塌陷。塌陷区内第四系土层厚度在6~10m之间。抽水试验时钻孔涌水量27.7L/s,大理岩水位降深9.02m。地下水水位呈盘状同步下降。在抽水影响范围之内地面塌了10个洞,塌陷范围500~800m远,最大塌洞深2.7m以上。

表 4-9 黄石地区非煤矿山疏排水岩溶塌洞统计表

编号	名称	规模 直径/m	规模 深度/m	数量/个	分布范围	备注
1	石头嘴	7~40	5~8	65	大冶湖盆(围垦区)	矿坑排水
2	铜绿山	4~5	2~3	320	沿青山河分布,往南到刘胜二一带,距南露天坑约2115m	建幕前,塌陷复活频繁,建幕后,限制了塌陷频繁活动。民采坑与南坑贯通,唯幕堵水性能降低,青山河塌陷又有复活现象
3	鲤泥湖	1~20	1~2,最深6	47	大冶湖中心河南北两侧大冶湖围垦区,范围约23万m²	突水三次,强排水导致产生地面塌陷
4	鸡冠嘴			28个,1个冒落塌洞	大冶湖围垦区,均分布在"水文地质天窗"内。塌洞在"水文地质天窗"内分布范围2000~4000m²。冒落塌洞面积2000m²,体积约25 000m³	1986—1997年在−18m,−70m和−100m水平井巷揭露溶洞,接触带突水淹井4次,产生塌陷和复活塌洞计28个,还产生了1处冒落塌陷
5	金井嘴			71	距竖井约1250m,大冶湖围垦区,分布范围约1.35km²	矿坑突水,强排水产生塌洞
6	兴红	2~6.0	1~4	9	分布在沟谷地带,距抽水孔22.0~389.0m	矿区勘探抽水试验孔及供水井抽水引起塌陷
7	大志山	一般2,最大10	一般2,最大10	156	水南湾河床、漫滩及西部溪沟,分布范围长2600m,宽800m	在−160m以上4个中段放水试验过程产生了塌陷,放水量最大1 541.11m³/h
8	大广山	5~6,最大15	5~6,最大15	74	柯家沟及两岸,分布范围长1400m,宽300~400m	主要发生在突水,强排时发生塌陷,涌水量约356m³/h
9	金山店余华寺	8~30	>10	11	山间洼地范围长约800m,面积约3万m²	副井掌子面遇断层突水,涌水量356m³/h
10	金山店李万隆	4~18.0	1~3.3	19	沟谷稻田	西风井−125m标高,掘进石英闪长岩,遇北西西向密集裂隙带(F_8),突水量115m³/h
11	大冶铁矿	10~20.0	2~6.0	60	尖林山矿段以南21线东约100m左右,西至土桥3km覆盖型岩溶区	发生在20世纪70、80年代及90年代中期,矿山疏排水所致

续表 4-9

编号	名称	规模 直径/m	规模 深度/m	数量/个	分布范围	备注
12	大冶红星石膏矿	3~9	2~3	5	塌洞分布在水库下游稻田中,水库堤坝,坝肩分布裂缝5条	矿坑-130m,-150m水平分别产生突水,进行强排产生塌陷及地面开裂
13	阳新良荐桥钼矿	大者超过10	深度达3	16	矿区西北,东南两个方向各8个	突水后强排过程中,西北方向先发生塌陷,紧接着东南方向也发生塌陷
14	阳新鸡笼山金矿	最大36.0	2~6.0	13	龙口溪一带	1983—1986年风井-40m水平,遇大理岩溶洞突水产生塌洞3个,矿坑疏排水产生10个塌洞
15	阳新鹏凌铜矿(赵家湾)	2~6	0.5~2	18	赵家湾河床及两岸	民采坑突水后强排水所致
合计				913		

(3) 塌陷多产生在构造接触带、断裂带，或不整合层面附近。矽卡岩型铁、铜矿床地面塌陷的分布受构造条件控制。矿床构造接触带既是含矿带又是构造断裂破碎带。因此沿带岩溶发育，矿山排水疏干地面塌陷最易沿带发生。余华寺铁矿1980年建井开拓井巷时，于井下－100m标高掌子面处遇断层破碎带发生了突然漏水，水量瞬时达到356m³/h。地表沿接触带，大理岩与三叠系蒲圻群砂页岩的断层带发生地面塌洞8个。洞深6~7m，洞径15m左右，塌洞影响带宽达560m远。由此可见构造接触带、断裂带等，都是地面塌陷最易发生的地段。

(4) 塌陷多分布在地下水主要径流带内。构造断裂破碎带、含矿构造接触带、物探低阻异常带以及泉水露头或地下水溢出排泄区，都是隐伏岩溶矿区地下水的主要径流带。在矿山坑道排水疏干或钻孔抽水时，地下水水位变化最为剧烈。因此地面塌陷绝大多数均发生在这些地段。大冶下四房铁铜矿床ZK6号孔大理岩试验段抽水试验时（水位降深22m，涌水量16L/s），开泵抽水仅只4h就在离抽水孔35~40m远处塌了3个洞（洞径1.0m左右，深0.3~0.8m）。地面塌洞，恰好位于泉水出口附近。由此表明，地面塌陷，既在降落漏斗中心附近，又在地下水主要径流带上。叶花香铜矿放水前后共塌了57个洞，除个别塌洞外，绝大部分均分布在和矿区降落漏斗"舌状"突出带相吻合的物探低阻异常带内。该低阻异常带也正是矿区地下水天然状态下经由第四系黏土层"天窗"补给砂砾卵石含水层而流向河水的天然泄水带。当矿山疏干排水以后，地下水受排水影响改变了径流场的径流方向。由原来向河谷方向径流而转换为向坑道方向径流，此时地下水的天然排泄区便成了矿坑水的主要补给区。因此在主要径流带内出现了大量的地面塌陷，这是完全符合客观规律的。

六、老窿水

古代的小矿井和近代矿山的采空区及废弃巷道由于长期停止排水而保存的老窿水，也是地下水的一种充水水源，对于一些老矿山充水具有重要意义。黄石地区不少老矿山，在浅部分布有许多民采小矿山，深度为20~150m，留下一些近代的采空区与废弃巷道。这些早已废弃的老窿与废巷，储存有大量地下水，这种地下水常以静储量为主，易于疏干。当现在生产矿井遇到或接近它们时，往往容易发生突水，而且来势凶猛，水中携带有泥砂和岩块，有时还可能含有有害气体，造成矿井涌水量突然增加，有时还造成淹井事故。黄石地区一些开采历史较长的老矿山，老窿积水是不可轻视的充水水源。老窿积水的充水特点如下。

(1) 老窿积水多分布于矿体浅埋处，开采深度大多数为100m左右，个别可达200m。

(2) 老窿积水以静储量为主，犹如一个地下水库。当矿（岩）柱强度小于它的静水压力时，即可发生突水，在短时间内大量积水涌入矿井，来势凶猛，破坏性强。

(3) 老窿积水和旧巷积水与其他充水水源无水力联系时，一旦突水，虽然涌水量很大，但持续时间不长，容易疏干，若与其他水源有水力联系，可形成量大而稳定的涌水量，对矿山生产危害甚大。

如阳新县鹏凌矿业有限公司赵家湾铜矿（一矿带），1998年以前曾有数家业主在－135m中段以上对Ⅰ号矿体开采，共开拓了8条斜井，采空区体积约99 500m³。在开采－225m、

−265m、−305m、−345m 中段时,由于−193m 中段已经开采完的Ⅳ号采空区未疏干的老窿积水存在较高的地下水压,于 2004 年 6 月 16 日在−193m 中段水平巷道渗水点发生了重大突水事故。本次突水造成了 11 人死亡,为重大恶性事故,并导致矿山至今处于淹没状态。

第四节　地下水患发生机理

非煤矿山地下水水患发生主要是由于矿山地下开采活动产生运动,岩层的移动和破坏产生了移动,形成了充水通道,使大气降水、地表水和地下水渗入或溃入井下,短期渗入量超过井下排水能力,导致淹井等水害。

一、大气降水作为矿井的直接充水水源

大气降水是地下水的主要补给来源,同时强降水也是导致淹井的主要原因,所有矿井的充水都不同程度地受到降水的影响。降水对矿井充水的影响,既与降水的特点有关,也与降水的入渗条件有关。

由于大气降水的多变性和自然地理条件的复杂性,使降水的入渗过程错综复杂,对矿井充水的影响千差万别。大气降水的渗入量,与雨量大小、当地气候、地形、岩石性质、地质构造等因素有关,大气降水的主要类型是降雨和融雪。

1. 充水特征

(1)矿井充水程度与地区降水量的多少,降水性质、强度和延续时间有相应关系。降水量大和长时间的小雨,对渗入有利,因而矿井涌水量也大。我国多雨的南方比干旱的北方矿区矿井涌水量普遍要大,干旱地区的不少矿井下常常是干燥的。此外,年内降水量分配不匀,往往集中几个月,所以雨季时涌水量远远大于旱季涌水量。

(2)由于降水所造成的矿井充水,具有明显的季节性变化。矿井的最大涌水量都出现在雨季,但涌水量高峰出现的时间则往往后延,一般在雨后 48h。

(3)即使在同一矿井的不同开采深度,降水对矿井涌水量的影响程度也相差很大,大气降水渗入量随开采深度增加而减少。这是由于随开采深度的增加岩层透水性减弱和补给距离增加所致。

2. 渗入方式

(1)直接流入或渗入。对于地下开采,降水通过井筒、天窗、断层、采空区垮落带和导水裂隙带贯通而渗入(图 4-8),或通过地裂缝渗入或陷落柱灌入(图 4-9)。

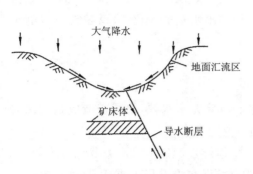 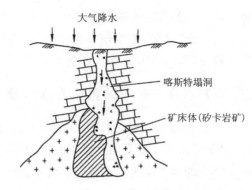

图 4-8　降水通过断层带渗入矿井图　　图 4-9　大气降水通过塌落洞流入矿井

对于露天矿降水直接降落在矿井内(图 4-10),形成降水径流,其水量大小决定于降水量、露天坑范围及其汇水条件;矿井充水与降水关系极为密切,雨后坑内水量立即增大。

(2)经含水层间接渗入。大气降水通过对含水层的补给源再渗入井巷如图 4-11 所示。其途径有通过第四系松散砂、砾层及基岩露头裂隙补给地下水,在适当条件下再进入井巷;通过构造带或老窑直接溃入井下;洪水期通过井口直接灌入,或通过贯通巷道间接灌入;水体下采矿时,通过垮落带、导水断裂带进入井下。

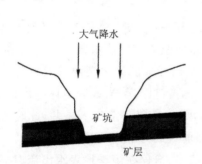 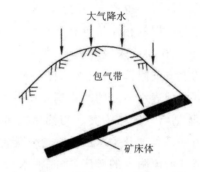

图 4-10　降水直接降落露天采场　　图 4-11　降水经含水层渗入矿井

当降水是通过岩层的孔隙、裂隙渗入矿井时:①入渗机制比较复杂,矿井充水既决定于降水量大小、降水强度(强度大易形成地表径流流失,强度小又不及润湿包气带)和降水历时、更决定于入渗条件;②矿井充水与降水的关系不如前两种情况密切,矿井涌水量增大滞后于降水的时间较长,一般为十几天至几十天不等,在降水特点相同的情况下主要取决于入渗条件。

3. 评价方法

分析降水的充水影响,首先要考虑矿体与当地侵蚀带和地下水的关系,以及地形的自然汇水条件,然后具体分析矿体的埋藏和入渗条件。

矿井涌水量预测的重点是丰水年雨季的最大涌水量,预测方法常以水均衡法为主。特别是分水岭地区的矿床,雨季地下水渗流场呈现大起大落的垂向运动,与渗流理论有一定差异。山区降水入渗系数可通过小流场均衡实验获取,或选用宏观经验值;开阔地区一般根据降水量与地下水水位的长期观测资料计算取得;也可以引入数值法,运用分布参数系统数值模型的调参求得入渗系数的平面分布值;还可以通过机井出水量的变化,来反映地下水的排泄量及其滞后特征,但应考虑采后的影响。

二、地表水作为矿井的直接充水水源

位于矿区及附近的地表水,往往成为矿井水的重要充水水源,给采矿造成很大威胁。因此,地表水是矿床水文地质条件复杂程度划分的重要因素之一。

矿井常见的地表水充水水源有江河水、湖泊水、海洋水、水库水、水塘(海子)水等,地表水体除了海洋水外,其他类型的地表水可能具有季节性,即在雨季积水或流水,而在旱季干涸无水。同样的道理,地表水体能否构成矿井充水水源,关键在于是否存在有沟通水体与矿井之间的导水途径,只有水体和导水通道的同时存在,才能形成矿井充水。常见的连接地表水体与矿井之间的导水通道可分为天然导水通道和人工破坏扰动导水通道两大类。

1. 充水特征

1)地表水体与矿层的相互位置

地表水的规模及其矿体之间的距离,直接影响矿床的充水强度。一般来说,地表水的规模愈大,距离愈近,威胁也愈大,反之则小。

地表水体与矿层的相互位置有3种组合关系:其一,地表水体位于矿层或采区的上方;其二,地表水体位于矿层或采区的附近;其三,地表水体距离矿层或采区较远。当地表水体位于矿层或采区的上方或附近时,地表水体与矿层开采后形成的导水裂隙带发育的情况,导水裂隙带发育高度与地表水体之间的距离是矿井突水的关键因素,当地表水体距离矿层或采区较远时,地表水体通常只能作为突水与涌水的补给水源,不能直接突入矿井,此时,地表水体与含水层的水力联系程度及含水层的渗透性能的强弱就成为研究的重点。

位于季节性河流附近的矿床,平时涌水量一般不大,仅在雨季地表水出流时需防洪;随采深增加,地表水的影响也会明显减弱。如某矿区,在河下50m处涌水量为 $3.36 \times 10 m^3/d$,采深至120~150m时,平均涌水量仅 $0.35 \times 10 m^3/d$。

2)地表水体与矿层间是否存在可靠的隔水层

当地表水体位于矿层或采区的上方或附近时,但只要地表水体与矿层之间存在比较可靠的隔水层,就不会造成大量的矿井涌水,采动对隔水层的破坏情况就成为研究重点。

3)地表水体自身的特点

地表水体是常年性水体还是季节性流水,研究内容为水量、水位、水质、泥沙含量等。水量大的地表水体向矿井充水的潜在能力就大;常年流水的水体向矿井的充水时间长,影响大。

2. 地表水体的入渗方式

地表水对矿床充水影响的强弱,取决于地表水对矿井的补给方式。

(1)渗透补给,这种补给方式无大水矿床,其条件是以充水围岩的裂隙为主,或水下分布弱透水层。前者如海下采矿的辽东华铜等矿,主要充水围岩是含微裂隙的前震系大理岩,岩层倾向海面上覆片岩为隔水层，阻挡了海水的大量入侵，至20世纪60年代开采已伸入海岸200m，最大采深已在海平面以下693m，矿井总涌水量$1.74\times10^4 m^3/d$，主要是断层和裂隙引入的第四系孔隙水，海水入渗量占总涌水量的9.8%，约$0.17\times10^4 m^3/d$；后者如湖下采矿的大冶铜绿山矿，充水含水层为岩溶较发育的三叠系灰岩，但湖底分布黏土隔水层，矿井涌水量仅$0.89\times10^4 m^3/d$。

(2)灌入式补给，大多数发生在大水矿床中，如：①海水从中奥陶系灰岩在海底的溶洞倒灌的辽东复州湾黏土矿，20世纪80年代矿井－105m水平的实际涌水量$5.11\times10^4 m^3/d$，数值法预测－105m水平的涌水量为$27.510 m^3/d$；②河水沿疏干漏斗内河床二叠系茅口组灰岩的岩溶坍塌坑回灌的湖南某矿在1977年、1980年、1990年三次暴雨中，两条河水断流、沿河床坍塌段回灌，矿水涌水量分别为$0.5\times10^4 m^3/h$、$>0.5\times10^4 m^3/h$、$24\times10^4 m^3/h$；③河流通过强透水冲积层直接灌入的内蒙古元宝山矿井，数值法预测矿井涌水量$33\times10^4 m^3/h$。

3. 评价方法

对地表水补给条件的评价，应从上述两种补给方式的基本条件入手，分析河水通过导水通道灌入矿的可能性。一是地表水与充水围岩之间有无覆盖层及其隔水条件；二是开采状态下有无出现导水通道的条件，如覆盖层变或尖灭形成"天窗"、断裂破碎带、古坍塌、顶板崩落等，此外，应利用一切技术手段掌握地表水与充水围岩之间的水力联系程度，如抽水试验、地下水动态成因分析、实测河段入渗量或用数值法反演计算不同河段的入渗量等。但是，准确评价大型地表水的充水强度是很困难的，往往直至矿井开采结束前都在观测研究地表水溃入的可能性。对地表水补给条件的评价可以从以下几方面进行分析。

1)井巷与地表水体间岩石的渗透性

根据井巷与地表水体间岩石的渗透性不同，可将地表水体附近的矿井分为：①井巷与地表水体间无水力联系，地表水不补给矿井水；②井巷与地表水体间有微弱水力联系，地表水可少量补给矿井水，矿井排水疏干漏斗可越过地表水体；③地表水正常渗入补给，地表水体为定水头补给边界，补给量较为稳定，矿水量主要取决于透水岩层的透水性、过水断面和水头梯度。当充水通道为砂砾石孔隙或岩溶管道时，矿井涌水量可能很大，甚至造成灾害性影响。

2)地表水体与井巷的相对位置

地表水体与井巷所处的相对高程，只有当井巷高程低于地表水体时，地表水才能成为矿井充水水源；当井巷高程低于地表水体，在其条件相同时，距离愈小，影响愈大，反之则影响减小。

3)地表水体的性质和规模

当地表水是矿井充水来源时，若为常年性水体，则水体为定水头补给边界，矿井涌水量通常大而稳定，淹井后不易恢复；若为季节性水体，只能定期间断补给，矿井涌水量随季节变化。因此，当矿区存在地表水体时，首先应查明水体与井巷的相对位置，其次需勘查水体与井巷之间的岩层透水性，判断地表水有无渗入井的通道及其性质，最后在判明地表水体确系矿充水水源时，再根据地表水体的性质和规模大小、动态特征，结合通道的性质确定地表水体对矿井充水的影响程度。通常采用河流断面法测量河流的渗漏量。

4）地表水涌入或灌入矿井的途径

地表水体能否成为矿井充水水源，取决于地表水体与井巷之间有无直接或间接联系的通道。通常，地表水涌入或灌入矿井的途径是：①通过第四系松散砂砾层及基岩露头；②通过小窑采空区；③通过地表岩溶塌陷；④地表水体之下，开采冒落裂隙带与地表水体连通。

在地表水下采矿时一般要采用保护顶板稳定性采矿方法，如充填采矿法、支撑采矿法等，有的矿床也只能暂时放弃。

三、地下水作为矿井的直接充水水源

大多数采矿活动一般位于地下，因此，地下水一般为矿井水的直接来源，常伴随着巷道的开挖或矿层的开采直接进入采矿系统。当水量较小时，不会对矿井的安全生产构成威胁，但当水量较大时，将会严重影响矿井生产和人员生命的安全，损害非常严重。

1. 水源类型

1）充水岩层的空隙性质

根据充水岩层的含水空间特征，可将其分为孔隙充水岩层、裂隙充水岩层和岩溶充水岩层，地下水分别称为孔隙水、裂隙水和岩溶水。

（1）孔隙水充水特点。含水空间发育比较均一，其富水性取决于颗粒成分、胶结程度、分布规模、埋藏及补给条件。孔隙充水岩层对矿井充水的影响有以下表现。

当井筒穿过松散孔隙含水层时，常发生孔隙水和流砂溃入事故。采取冻结、沉井、降水等特殊凿井方法通过这类含水层，基本避免了这种水害的发生。

井下开采第四系矿层时，矿层顶板含水砂层中的水及流砂会溃入矿井。如某矿区在1960—1970年开采期间共发生突水突砂事故18次，造成停产、巷道报废或淹井事故。

隐伏矿区露天开采时，覆盖层中的孔隙水是天坑的主要充水水源，必须在剥离前进行预先疏干。

露天剥离岩层中孔隙水的存在，还会改变岩层的物理力学性质，导致黏土膨胀、流砂冲溃、边坡滑动等工程地质问题。

在松散含水层下采矿时，顶板水量可能较大，甚至构成水害。

（2）裂隙水充水特点。含水空间发育不均一，且具有一定的方向性，其富水性受裂隙发育程度、分布规律和补给条件的控制，一般富水性不强。

裂隙充水岩层常构成矿层的顶、底板，是矿井采掘作面经常揭露的含水层。由于其富水性较弱，通常表现为淋水、滴水或渗水。水量一般不大，且分布不均一。当无其他水源补给时，单个出水点的水量常随时间而减少，矿井涌水量初期随巷道掘进长度和回采面积的增加而增大，逐渐趋于稳定，后期巷道掘进长度和回采面积进一步增加，矿井涌水量无明显增大甚至略有减少。裂隙充水岩层在矿井产中很少构成水害威胁，而在建井过程中因受排水能力限制有时造成淹井。

（3）岩溶水充水特点。由于其含水空间分布极不均一，致使岩溶水具有宏观上的统一水力联系而局部水力联系不好，且水量分布极不均匀的特点。因此，岩溶充水岩层对矿井充水影

响的两个特点：一是位于岩溶发育强径流上的矿井易发生突水且突水频率高，矿井涌水量大；二是矿井充水以突水为主，个别突水点的水量常远远超过矿井正常涌水量，极易发生淹井事故。岩溶充水岩层导致矿井充水，除水量大、来势猛外，在一些岩溶充水岩层裸露或半裸露、溶洞被大量黏土充填且开采水平地面较近的矿区，突水的同时常发生突泥事故。岩溶水还存在地下暗河，此时危害性更大，在此不作阐述。

2）充水岩层与矿床的接触组合关系

由于大多数采矿活动与地下工程活动都发生在地表面以下，所以地下水往往是造成矿山和地下工程充水的最主要水源，地下水作矿井或地下工程充水水源时，可依其与矿床体的相互位置关系及其充水特点分为间接式充水水源、直接式充水水源和自身充水水源3种基本形式。

(1)间接充水水源。间接充水水源是指充水含水层主要分布于开采矿层的周围，但和矿层并未直接接触的充水水源，常见的间接充水水源含水层有间接顶板含水层、间接底板含水层、间接侧板含水层或它们之间的某种组合。间接充水水源的水只有通过某种导水构造穿过隔水围岩进入矿井后才能成为真正意义上的矿井充水水源。对矿井充水的影响程度除决定于间接充水含水层的富水性外，主要取决于水力联系通道的性质和直接充水含水层的导水性。

(2)直接充水水源。直接充水水源是指含水层与开采矿层直接接触或矿山生产与建设工程直接揭露含水层而导致含水层水进入井的充水含水层。常见的直接充水水源含水层有矿层体直接顶板含水层、直接底板含水层及露天矿井剥离第四系含水层。直接含水层中的地下水并不需要专门的导水构造导通，只有采矿或地下工程进行，其必然会通过开挖或采空面直接进入矿井。

(3)自身充水水源。所谓自身充水水源主要是矿层本身就是含水层。一旦对矿层进行开发，赋存于其中的地下水或通过某种形式补给矿层的水就会涌入矿井形成充水。该类型矿井在黄石地区并不多见。

2. 充水水源的特点与规律

(1)矿井充水强度与充水含水层的空隙性、富水程度有密切关系。一般情况下，裂隙充水矿井的充水强度要小于孔隙充水矿井和岩溶充水矿井的强度。受强岩溶含水层水充水的矿井多为强富水矿井，发生突水时，一般水量大、来势猛、不易疏干，易形成巨大灾害；而裂隙水充水时，以渗水、淋水为主，突水量不大，对矿井开采影响相对较小。

(2)矿井充水特点与充水含水层中地下水性质及水量大小有关。流入矿井的地下水包括两个性质完全不同的组成部分：一部分为静储量，即充水岩层空隙中所储存的水体积。该部分水量的大小及其对矿井的充水能力主要取决于充水含水层的厚度、分布规模、空隙性质以及给水能力；另一部分为动储量，即充水岩层获得的补给水量该水量是以一定的补给和排泄为前提，以地下径流方式在充水含水层中不断地进行交替运动。

当矿井充水含水层中的地下水以静储量为主时，矿充水特点：初期矿井涌水量相对较大，随着排水时间的延续，矿井涌水量逐渐减小，此类型充水水源易于疏干。当矿井充水含水层以动储量为主时,涌水量相对较稳定,涌水量的动态特征往往易受充水含水层补给量的动态变化影响,此型充水水源的矿井涌水不易疏干。

第五节 小　结

本章的研究结论如下。

(1)非煤矿山地下水水患的主要影响因素有地质构造、矿山压力、底板岩体特性、工作面开采空间及开采方法、石灰岩岩溶水含水层富水性、碳酸盐岩岩溶蚀特征与岩溶发育规律和底板含水层水压力。地下水水患的充水水源包括大气降水、地表水、孔隙水、裂隙水、岩溶水、老窿水等。

(2)非煤矿山地下水水患发生主要是由于矿山地下开采活动产生运动,岩层的移动和破坏产生了移动,形成了充水通道,使大气降水、地表水和地下水渗入或溃入井下,短期渗入量超过井下排水能力,导致淹井等水害。

(3)不同地区、不同水文地质、气候和地形条件下会形成不同类型的矿井充水模式,根据不同类型的直接充水水源本章对地下水水患的发生机理进行了进一步的分析。

第五章　地下水患监测预警方法

非煤矿山地下水水患的发生是多因素影响的复杂问题。随着科技发展进步,结合了计算机技术的监测和预警方法可以为地下水水患的防治提供有价值的参考信息。

第一节　地下水患监测方法

一、水文地质条件动态监测

矿井涌水量的大小直接影响着矿井的安全生产,随着矿井开采范围的不断扩大和开采深度的加深,井下涌水量观测点增多且分布较远,人工观测任务繁重;同时观测方法使用传统的"流速仪法""堰测法"等,测量误差较大。人工测量方法所获得的测量数据有限不能反映涌水量变化的真实情况,迫切需要一种集中化、智能化、高可靠性的矿用本质安全型水压、水位、水温、涌水量实时监测系统。矿用水文地质实时监测系统可对矿山水文观测孔的水压、水位、水温、涌水量进行"一线多点"式的超远距离地面集中实时监测。实时监测数据能及时反映当前矿井不同含水层的水压、水位、水温及涌水量的动态变化情况,为矿井防治水工作提供可靠的依据。矿井水压实时监测系统的研制成功,实现了国内过去无法进行的远程矿井水压、水位实时监测,为各个大水矿区建立水害防治保障体系发挥了重要的作用。

系统由主站(设在监控中心内)、若干井上分站(设在长观孔孔口)及若干井下分站构成。主站包括:①微机系统;②打印机;③数据处理软件系统;④GSM 网络数据通信设备。分站包括:①多功能监测仪(内置 GSM 通讯模块);②水位传感器;③流量传感器;④孔口安全防护装置。

实时监测系统的设计原理是采用总线网络拓扑结构方式,连接几个至上百个水文观测孔上的子站,子站将水压模拟信号转换成数字信号存储,并通过井下远程通信适配器通信电缆 MHYVRP 传输到地面监测中心站。

根据现场实际需要,将压力变送器安装在水文地质长观孔中或井下排水管口并配备相应的子站,子站体设计是防水全密闭结构。距离太远或子站数量太多时,可通过中继器扩展子站距离和数量。子站的电源设计采用了不间断防爆电源装置,将 AC127V 变换为 DC12V 供给子站,当电源装置出现故障时自动切换子站内部电池供电。地面监测中心通过远程有线通信网络系统对井下子站进行有效控制,实时监测并记录矿井所有观测点的水压、水位值及其变化情况。系统自动将实时水压数据进行整理、编辑添加到已建立的矿井水情数据库中。根据需要生成相关的年月日报表、数据曲线,进行水文地质数据资料管理及打印输出结果。

主要监测内容有:①矿井各含水层和积水区水位水压变化情况;②矿井所在地区降水量、矿井不同区域涌水量及其变化情况;③矿井受水害威胁区水文地质动态变化情况;④矿井防排水设施运行状况;⑤地面钻孔水位、水温监测等。

系统具有量程大,测量精度高,实时性最佳,超远距离数据传送可靠,人机界面友好,操作简便,无人值守等特点。

系统的主要功能如下。

(1)对各地点、各参数、各时间单位传感器所接收的数据进行测量。

(2)完成地面中心站与各子站数据的传输,主机能实时地接收由各子站采集来的数据,并进行实时处理。

(3)通过地面中心站可以观察所有井下监测点的实时水压、涌水量情况,并以图形画面直观显示监测系统中的观测数据。

(4)监测点的年、月、日曲线显示和数据报表显示,自动生成系统中监测数据的报表,可打印年、月、日报表和对比报表、曲线,以及柱状图打印、柱状对比图打印。

(5)可以任意选定观测站进行重点监测。

(6)各个监测点的瞬时值和历史记录显示。

(7)各个监测点越限报警显示。

(8)对实时监测数据自动分析和判断是否超出报警范围,水压超限时,中心站计算机显示有关报警数据。

(9)所有监测数据可通过组态在 3min~24h 范围内进行设定和存储。

(10)系统监测数据最快每 3min 存盘一次,以随机值形成历史曲线,所有数据可以存储 1a 以上。

二、底板突水监测与防水岩柱监测

开采过程中,底板受采动影响产生破坏,底板隔水层应力场、应变场也会相应发生变化;并在受采动压力和承压水的共同作用下使原有裂隙进一步扩张或产生新的裂隙,地下水便沿裂隙"导升",导致底板裂隙水的水压和水温发生相应变化。因此。在开采过程中,对矿层底板可能发生突水的危险区段的应力、应变、水压、温度的动态变化过程进行监测,通过对监测数据的计算和综合分析,达到对可能发生的突水提前进行预报之目的。

导致矿层底板隔水层破坏的主要因素是采动影下底板应力的变化,而矿层底板应力场中任意一点的应力值随工作面的推进不断发生变化。根据多次底板破坏试验发现:矿底板钻孔(破坏区)耗水量与底板应力的关系极为密切,当底板应力小于原始应力时底板钻孔出现耗水,应力越小,钻孔耗水量越大,钻孔耗水量峰值正好处于底板应力值谷底位置;从底板应力值大小与超声波在岩层中传播速度的关系可以看出,波速的峰谷值与应力的峰谷值完全对应,应力降到最低点时,波速亦降到最低点。从上述关系可看出,在工作面回采过程中底板破坏深度与导水性能随底板应力的增大而减小,反之随底板应力的减小而增大。可以认为岩体的碎程度(裂隙发育程度)与其应力值的大小是密切相关的。因此通过对不同深度的底板应力状态的监测,反映其底板的破坏深度及其变化过程。

应变值可以反映底板岩体破坏程度和变形的强弱,当底板岩体裂隙或原生节理在应力场的作用下沿其结构面产生移动时,埋设在不同深度应变传感器的监测值将反映矿层底板移动或变形的程度。

随着工作面的推进,当岩体受超前支撑压力作用时,工作面底板岩体产生采前压缩变形,采后因悬空面而产生底板膨胀变形,以及后期顶板垮落压实而产生底板的受压变形。变形可分为弹性变形(恢复变形)和塑性变形(永久变形)。采前压缩变形时应力较大,相应变形较小,以弹性变形为主,而采后膨胀变形时应力降低到一定程度,岩体中的节理、裂隙则张开变宽,岩体变形较大,即产生底板破坏时,以塑性变形为主。当工作面开采过程中底板岩体破坏区变形为塑性变形时,为不可逆过程;而当底板变形为弹性变形时,可以认为该底板岩体未产生破坏,仍具有一定的抗水压能力。

受成岩活动和后期构造活动的影响,底板隔水层底部会产生系列分散或集中的破裂带,当这些裂隙具有一定宽度且下伏含水层为承压水时,承压水可沿裂隙带上升到隔水层的一定部位,从而在隔水层底部形成承压水导升带,导升带的分布受到原生裂隙的控制具有不连续性和不均一性。在采动的影响下,导升带是否会持续发展,即原生裂隙会不会进一步开裂、扩张,同时是否会产生新的裂隙,特别能否造成下伏含水层水沿裂隙带进一步上升与矿层底板破坏带相沟通是能否发生突水的必要条件,也是回采中需要关注的问题。承压水向上传递的过程实际上是可以监测到的,通过对底板下地层中的裂隙水的水压监测可以直观地了解下伏强含水层承压水是否向上导升以及导升的部位。结合对底板破坏深度的分析,可对监测部位突水的可能性进行评价。

地下水温受径流过程中岩体温度的控制,而岩体温度主要受地热增温率的影响,地下水循环越深相应地下水的温度就越高。当深部循环地下水通过裂隙通道进隔水层内部时,过水通道附近岩体温度及裂隙水的水温会出现异常。故可通过对裂隙水水温的监测,预报可能发生的突水。

综上所述,矿层底板监测中的应力、应变状况反映了底板隔水层在采动影响下所受破坏以及导水性能的变化状况,监测水压直接反映承压水导升部位,监测水温则反映是否深部承压水的补给。因此,可以通过对这四项监测指标的综合分析,进行突水预测预报。

三、原位地应力监测

地应力是赋存于岩体内的一种应力。它不仅是决定区域稳定性的重要因素,同时是各种地下或底面开挖岩土工程变形和破坏的作用力,是进行围岩稳定性分析、实现地下矿井开挖设计和决策科学化的前提。地下矿井的开采涉及复杂地形地貌和地质条件,通过原位地应力的测量可以探明矿区的岩土条件。

(一)原位地应力测试理论基础

底板突水是由采动矿压和底板承压水水压共同作用的结果,采动矿压造成了岩体应力场与底板渗流场的新分布,二者相互作用的结果,使底板岩体的最小主应力小于承压水水压时,

产生压裂扩容而发生突水,其突水判断依据为:

$$I = \frac{p_\omega}{\sigma_2}$$

式中,I——突水临界指数;

p_ω——底板隔水岩体承受的水压;

σ_2——底板隔水岩体的最小主应力。

I 为无量纲因子,当 $I<1$ 时,不突水;当 $I>1$ 时,突水。

对于一个采矿工作面,底板承压水水压一般是已知的。关键问题是测定矿层底板隔水岩体中最小主应力 σ_2 的量值大小以及由于采动效应所引起的 σ_2 的变化,岩体原位测试技术由此而产生。与实践的结合上说明了临界突水指数的普遍性和适应性,以及岩水应力关系说的合理性与可行性。

由于岩水应力关系说建立在对突水机理正确判断的基础上,在理论上是完备的,以此建立的新的突水预测预报技术多次应用在一些大水矿区,取得了较好的测试应用效果。

(二)原位应力测试工程设计依据

1. 采动应力测试

1)测试钻孔布置原则

考虑下巷较上巷受采动效应明显,其底板受到扰动深度大,因此,采动应力测试钻孔一般布置在工作面下巷。根据顶板初次来压的一半距离经验值,其余各孔的布置位置应以初次来压与周期来压的距离经验值为依据,兼顾底板构造情况依次布置。

2)钻孔结构及施工技术要求

采动应力测试孔一般设计为斜孔,在施工条件允许的情况下钻孔俯角在 30°～40°之间,且垂直下巷,并延伸至工作面矿层之下,其深度视工作面底板隔水层厚度而定,但垂深必须大于底板采动破坏深度的经验值,一般以 20～25m 为宜。当测试孔兼作探查孔或其他用途钻孔时,钻孔深度可适当进行调整。孔径应在 59mm 左右,误差控制在 1mm 之内。钻孔偏中距在 5mm 之内。

3)孔数

采动应力测试孔一般为 3～4 个,旨在通过多个测试孔的测试提高测试精度,真实反映采动效应特征。

4)测点布置

采动应力测试孔所布测点应以能探测到采动效应相关参数为宜,一般在最大破坏深度上下 1m 范围之内,布设 3～4 个测点,并兼顾底板隔水层中相对薄弱层位。

2. 地应力普查测试

(1)地应力普查孔的布置范围应尽量控制普查目的区域,均匀分布。

(2)地应力普查孔依据施工条件可以设计为直孔或斜孔,其深度以能够探测到地层原始地应力参数为宜,一般垂深在 20~25m。

(3) 地应力普查孔应布置在构造地应力异常地段,如裂隙带,背斜、向斜的轴部及两翼。

(4) 地应力普查孔应尽量布置在隔水层变薄的区域。

(5) 地应力普查孔所布测点应以控制隔水层关键层为宜。

四、岩体渗透性测试

井巷开拓与矿层回采使岩体破裂,地应力重新分布,当岩体裂隙中的水压大于岩体的最小主应力时,岩体裂隙张开、裂隙扩展,突水发生,可以从岩体渗透性测试中得到证实。试验在多功能三轴渗透仪上进行,主要由水压加压系统,围压、轴压加压系统,三轴压力渗透室,微机测试系统等有机结合而成,通过调节岩体的三轴应力状态,测试不同应力状态下水压、水量变化,可以反映岩体渗透性随应力的变化规律。

1. 岩性不同的裂隙面渗透性试验

某研究区域矿层底板主要由砂岩、灰岩和泥岩等软硬不同的岩石组成,经过对具有裂隙的两类岩样在轴渗透仪上做渗透性对比试验,得出:最大渗水量发生在水压大于围压的条件下,但是流量-时间曲线有很大的不同,硬岩中流量-时间曲线和围压-时间曲线形态几乎相同,流量始终不为 0;软岩流量-时间曲线变化较大,在水压小于围压时,流量为 0,但只要围压接近于水压,就有一定流量的水渗出,并且当水压大于围压时,开始有混浊的水流出,流量一般较大,持续一段时间后,渗流量越来越大,最后水量猛增,水更混浊,此时已不再是渗流,已形成"管涌"。由此可见,硬岩裂隙的封闭性较差,渗水较明显,但难以形成"管涌"。软岩裂隙的封闭性较好,但在一定条件下可能发生"管涌"。灾害性突水大多与"管涌"有关。试验中发现,当裂隙平行于轴向时,轴压对裂隙的突水影响较小,因此,突水判据可以表示为:

$$p_w > \sigma_r$$

式中,p_w——水压;

σ_r——围压。

2. 裂隙面中有充填物的渗透试验

一般情况下,裂隙和断层中充满了一些充填物,它们对突水有着重要的影响。孔隙度较大的充填物,渗透性好,被其充填的裂隙可视为导水裂隙;反之,裂隙、断层如果被其他充填物充填,则具有一定的隔水性质,因此,试验的重点应放在泥质充填物上。试验中所使用的充填物是从矿层底板中取出的泥岩、泥页岩岩芯。将其粉碎、筛分,细粉砂以下的岩粉充入 5 mm 宽的人工裂隙中,按步骤制样、试验。

试验发现,泥质物存在一个起始水力梯度,只有当水力梯度 $I > I_0$ 时,才会发生明显渗透。I_0 即为泥质材料单位长度阻抗水头压力的值,是其阻水能力的一种量度。理论上讲,I_0 的存在是由于泥质充填物存在结合水的缘故。为了对比,又在裂隙中充入粉砂,结果 $I_0 = 0$。

从对裂隙中有泥质充填物的三轴渗透试验可以得出,当围压等于水压力 p_0 时并没有立刻发生突水,而是当围压继续下降到另一值时,出口端的水压突然增大,即所谓突水。其突水条件为：

$$p_w > \sigma_r + T$$

式中，p_w——水压；

σ_r——围压；

T——与充填材料性质有关的系数（即抗拉强度）。

当裂隙中为砂质充填物时，由于砂质充填物为典型的不抗拉材料，即$T=0$，用同样的方法进行三轴渗透性试验，从中可以得到，当围压下降到静水压p_0时，出口处的水压p_1就会突然上升而突水。为安全起见，考虑裂隙充填物为不抗拉材料：

$$I = \frac{p_w}{\sigma_r}$$

式中，I——临界突水指数。

当$I \geqslant 0$时，裂隙可能发生突水；当$I < 0$时，裂隙一般不会发生突水。

第二节 地下水患预测预警方法

地下水患的预测预警是在经验理论或力学理论的基础上，通过研究是否有突水通道、底板岩层所受压力、隔水层和导水层厚度，并借助三图-双预测法、五图-双系数法、模糊综合评判法、人工神经网络等方法进行分析，最后使用排查、预报、评价、调查报告等形式完成所需要的预测预警内容。

一、预测预警理论

地下水患预测预警理论主要如下。

1. 经验理论，即突水系数理论、"下三带"理论、递进导升理论

1) 突水系数理论

突水系数是指含水层中的静水压力与隔水层厚度的比值，其物理意义就是单位厚度隔水层所能承受的极限水压，用于表征矿井水灾害的危险程度。

$$T = \frac{P}{M}$$

式中，T——突水系数，MPa/m；

P——底板隔水层承受的水压力，MPa；

M——底板隔水层厚度，m。

突水系数越大，底板突水的危险性越大。确定临界突水系数T_s后，如果计算的突水系数T小于或等于临界突水系数T_s，说明底板一般不会突水；如果T大于T_s，说明底板可能突水。

2) "下三带"理论

底板岩层由上到下形成的底板导水破坏带、有效隔水层保护带和承压水导升带，被称为

"下三带"。有效隔水层保护带对预防底板突水至关重要,其存在与否及厚度大小(阻水性强弱)是安全开采评价的重要因素。通过确定底板导水破坏深度、有效保护层带厚度和承压水导升带高度,预测底板突水的可能性,论证开采安全性,选用合适的采矿方法及开采工作面尺寸。

3)递进导升理论

该理论认为矿层底板的突水是由于承压水在采矿过程中的递进发展引起的。在工作面前方矿层底板一定深度下,矿层处于相对拉伸状态是承压水导升发展的环境应力条件,承压水在裂隙内的致裂作用是裂隙扩展和导升发展的外载荷之一;在矿压和水压的共同作用下,裂隙开裂、扩展,入侵高度递进发展,当和上部的底板破坏带相接时即发生突水。

2. 以力学模型为基础的突水机理与预测理论,即"薄板结构理论""关键层理论""强渗通道""岩水应力关系"等

1)薄板结构理论

引用断裂力学Ⅰ型裂纹的力学模型,求出采场边缘应力场分布的弹性能,并应用莫尔-库仑(Comulomb-Mohr)破坏准则及格里菲斯(Griffith)破坏准则,求出矿山压力对底板的最大破坏深度。对隔水带处理时看作四周固支受均布荷载作用下的弹性薄板,采用弹塑性理论得到以底板岩层抗剪及抗拉强度为基准的预测底板所能承受的极限水压力的计算公式。

2)关键层理论

根据底板的层状结构特征,在底板岩层中找出一层强度最高的岩层作为底板关键岩层,按弹性理论和塑性理论分别求得底板关键层在水压等作用下的极限破断跨矩,并分析关键层破断后岩块的平衡条件,建立无断层条件下采场底板的突水准则和断层突水的突水准则。

3)强渗通道

该理论认为是否发生突水的关键在于是否具有突水通道。底板水文地质结构存在与水源沟通的固有突水通道,或在工程应力、地壳应力以及地下水共同作用下,原有的薄弱环节发生形变、蜕变与破坏,形成贯穿性强渗通道而诱发突水。

4)岩水应力关系

从物理和应力概念出发,结合采动过程中底板隔水层的原位应力测试技术与数值计算方法,得到采动底板隔水层应力与破坏,提出用突水临界指数(即底板承压水压力与水平最小主应力的比值)作为突水的判定依据。

$$I = \frac{p_\omega}{z}$$

式中,I——突水临界指数;

p_ω——底板隔水岩层承受的水压;

z——底板岩体的最小主应力。

当突水临界指数 $I>1$ 时,底板发生突水。

二、预测预警方法

地下水患预测预警方法主要有"拉式"预警、"推式"预警、三图-双预测法、五图-双系数法、模糊综合评判法、人工神经网络方法等。

"拉式"预警的数据采集、传输和预警过程相互独立,仅当监控者进行查询和分析时,才发出监控系统的水位状况,使预警具有一定的滞后性,用户得不到实时预警信息。而"推式"预警预设了水位预警条件,系统自动将水位数据与预警条件对比,一旦条件达到,预警系统将自动显示在监控系统中,并将预警信息以短信等形式传达给矿井监控的负责人,避免人工预报的滞后性。

三图-双预测法,是一种解决矿层顶板充水水源、通道和强度3大问题的顶板水害评价方法。"三图"是指矿层顶板充水含水层富水性分区图、顶板垮裂安全性分区图和顶板涌(突)水条件综合分区图。"双预测"是指顶板充水含水层预处理前、后采矿工作面分段和整体工程涌水量预测。

五图-双系数法,是一种矿层底板水害评价方法。"五图"是指底板保护层破坏深度等值线图、底板保护层厚度等值线图矿层底板以上水头等值线图、有效保护层厚度等值图和带压开采评价图。"双系数"是指带压系数和突水系数。

模糊综合评判法采取综合使用模糊数学与模糊统计,将事物的所有影响因子都纳入考虑范畴之内,进一步对该事物的优劣进行合理科学的评断。模糊综合评判反映出的根本理念即为,遵循最大隶属度原则,并采取模糊线性变换原理,将事物的所有影响因子都纳入考虑范畴之内,进一步对该事物做出合理科学的评断。

人工神经网络方法是以能够同时处理众多影响因子与条件的不准确信息问题著称的人工神经网络(ANN)技术,在复杂水文地质条件的矿井突水预测上,具有独特的优越性。控制矿井涌(突)水的主要因素有充水水源和充水通道。充水水源包括大气有效降(年降水量大小及季节性变化、降水性质与矿区地形、煤层埋藏与上覆岩层的透水性)、含水层水(含水层岩性、空隙性、含水层分布、厚度与补给条件)、地表水(地表水体性质与规模、地表水体与充水含水层间的水力联系和地表水体与矿井开采深度的相对位置及二者间岩层的透水性关系)和老窿水等。充水通道主要包括构造断裂带(或岩溶发育带)、开采冒落导水裂隙带、底板隔水层卸荷裂隙带和人工导水通道等。将这些充水水源和充水通道作为输入层结点的神经元,经过隐含层,输出到输出神经元结点上(神经元结点为矿井涌水量),其向后传播神经网络的预测模型如图 5-1 所示。经过对该预测模型进行多个涌水实例的训练,此时该模型就具有矿井涌水的知识,则该模型将可应用于实际矿井涌(突)水预测。

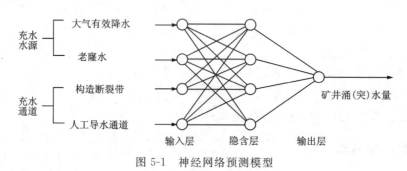

图 5-1 神经网络预测模型

三、预测预警的内容

矿井水患预测预警必须在综合分析各种资料的基础上提出，做到及时、准确，能够有效指导生产。矿井水害预测预警的主要内容是采掘工程可能揭露或影响到的含水层、含水体、导水通道，对采掘工程可能的充水形式、充水量，可能造成的危害程度，采取的措施。

(1) 基本预测预警内容。采、掘工作面（巷道）名称，现掘进位置，下月计划掘进范围；顶底板岩性，顶板裂隙发育程度；地面构造情况；根据预测内容提出相应的建议或处理意见。以上内容可通过矿山勘察资料等得到。

(2) 断层预测预警内容。断层的预报内容应包括断层位置、性质、产状、落差、影响范围、含水性、导水性、建议或处理意见。可通过三图-双预测法、五图-双系数法、模糊综合评判法方法得到。

(3) 陷落柱预测预警内容。陷落柱的预报内容包括陷落柱的位置、形状、大小，陷落柱体与围岩接触部位的充填物性质和特征，陷落柱内岩块的性质及充填物的密实程度，陷落柱裂隙和导水富水情况。可通过三图-双预测法、模糊综合评判法、人工神经网络方法得到。

(4) 冲刷带预测预警内容。冲刷带预报内容应包括冲刷带的位置，冲刷变薄带方向和范围，冲刷带切割深度、范围及富水情况。可通过三图-双预测法、模糊综合评判法、人工神经网络方法得到。

(5) 老窿水预测预警内容。包括充水因素分析，预测积水范围、积水量，预测涌水范围、涌水量大小，以及根据预测内容提出相应的建议或处理意见。以上内容可运用模糊综合评判法、人工神经网络方法进行预测。

四、预测预警的形式

1. 水患排查分析

生产矿井于每月底对所有采掘工作面的水情水害进行全面科学的分析排查，编制水患排查报表。矿山组织有关人员召开水害隐患分析排查会，对上月水患排查实际情况进行客观分析总结，对本月采掘工作面的水患情况进行认真分析排查。水害隐患分析排查会后，以会议纪要形式通过矿山信息管理平台将排查结果下发至各生产矿井，对存在水害隐患的采掘工作面下达隐患排查通知书，让作业人员能够通过矿山信息管理平台获得最新信息，将编制的水文地质预报和相应措施上传至平台，并利用平台功能及时跟踪落实情况，把矿井受水患威胁的苗头消灭在萌芽状态。

2. 地质及水文地质预报

水文地质预报工作应做到年有年报，季有季报，月有月报，平时有临时报，季度有总结，年度有总结，真正做到防患于未然，增强防治水工作的针对性和实效性。矿井在每年底要对下一年采掘范围内的水害隐患进行详细分析，列出计划，提出总体防治措施，并列入矿井年度消灾规划中；每季度初编制矿井水害水情季度预报，对本季度内的防治水工作作统一安排部署；

每月初根据隐患排查结果逐头逐面下达水文地质预报书；对平时发现的水情，及时下达临时预报。

矿井年度、季度水文地质预报基本内容如下。

（1）矿井生产及采掘头面安排计划。

（2）生产采区水文条件分析。

（3）重点头面水文地质预报及防治措施。

（4）附图：矿井生产计划安排与防治水工程布置图。

3. 采掘工作面水害分析预报表和预测图

（1）采掘工作面水害分析预报表。

水害分析预报表（表5-1），内容包括预报水害地点、工作面高程、开采层、水害类型、水文地质条件、预防及处理措施、责任部门等。

表 5-1 采掘工作面水害分析预报表

矿井	编号	预测水害地点	工作面上下标高/m	矿层			采掘时间	水害类型	水文地质简述	处理意见	责任部门	备注
				名称	厚度/m	倾角/(°)						
××工作面	1											
	2											
	3											
	4											

（2）水害预测图。

在矿井采掘工程图（月报图）上，按预报表上的项目，在可能发生水害的部位，用红颜色标上水害类型的符号，符号图例如图5-2所示。

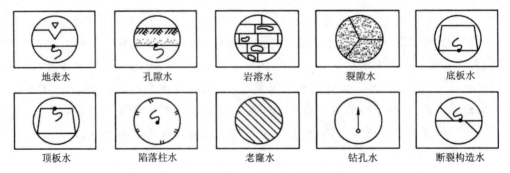

图 5-2 矿井采掘工作面水害预测图例

采掘工作面水害分析预报表和预测图配合水文地质年报、季报和月报使用。

4. 水文地质专项可行性分析与安全评价

水文地质专项可行性分析与安全评价，是针对影响矿井安全生产的水文地质问题而开展的专项科学研究,其研究成果或结论,用于指导矿井开采设计及巷道施工和工作面回采。水文地质专项可行性研究主要包括工作面防水、防砂或防塌岩柱留设可行性研究,巷道穿越大型断层可行性研究等。安全评价包括底板灰岩承压水上开采安全评价、岩溶陷落柱治理安全评价等。

5. 水文地质情况分析报告

在矿井受水害威胁的区域,进行巷道掘进前,应当采用钻探、物探和化探等方法查清水文地质条件。地测部门应当提出水文地质情况分析报告,并提出水害防范措施,经矿井总工程师组织生产、安监和地测等有关部门审查批准后,方可进行掘进施工。

矿井工作面采矿前,应当采用钻探、物探和化探等方法查清工作面内断层、陷落柱和含水层(体)富水性等情况。地测部门应当提出专门水文地质情况报告,经矿井总工程师组织生产、安监和地测等有关部门审查批准后,方可进行回采。发现断层、裂隙和陷落柱等构造充水的,应当采取注浆加固或者留设防隔水岩柱等安全措施,否则,不得进行回采。

第三节 小 结

本章首先分析了非煤矿山地下开采水患灾害监测方法,主要有水文地质条件动态监测、底板突水监测与防水岩柱监测、原味地应力监测和岩体渗透性监测等方法;其次,介绍了预测预警理论,主要有经验理论,即突水系数理论、"下三带"理论、递进导升理论,以力学模型为基础的突水机理与预测理论,即"薄板结构理论""关键层理论""强渗通道""岩水应力关系"等;最后,研究了预测预警方法,主要有"拉式"预警、"推式"预警、三图-双预测法、五图-双系数法、模糊综合评判法、人工神经网络方法等,并进一步确定了预测预警的形式与内容。

第六章　地下水患防治技术及材料的应用

我国在矿井水害防治方面,目前已有了许多较为成熟的技术方法与措施,有关矿井水害防治方法分类及主要内容可归纳为表6-1。

表 6-1　矿井水害防治方法分类及主要内容

分类	主要内容
地表水防治	1. 在河流(含冲沟、小溪、渠道)的漏水、渗水段铺底,修人工河床、渡槽或河流部分地段改道等 2. 矿区外围修筑防洪泄水渠道,采空区外围挖沟排(截)洪 3. 填堵通道(指对岩溶地面塌陷及采空区塌陷的处理) 4. 建闸设站,排除塌陷区积水或防止河水倒灌
井下防水设施	1. 留设防水岩柱 2. 设置防水闸门及防水闸墙 3. 设排水泵房、水仓、排水管路及排水沟等排水系统
井下探放水	1. 探放老窿水 2. 探放断层水 3. 探放陷落柱水 4. 探放旧钻孔水 5. 探放含水层水
疏干	1. 地表疏干:地面施工垂直钻孔,用泵抽排含水层水 2. 地下疏干 1)专门疏干矿井、巷道和放水孔 2)疏水巷道 　(1)运输巷道疏干含水层 　(2)疏水石门 　(3)疏水平硐 3)疏水钻孔 　(1)井下放水孔疏干 　(2)井下吸水孔疏干 3. 联合疏干 1)地表疏干与地下疏干同时采用 2)多井同时疏干同一含水层

续表 6-1

分类	主要内容
注浆堵水	1. 注浆堵水的一般施工 2. 封堵突水口(点)的注浆 　1)封堵突水巷道的注浆 　2)封堵突水断裂带的注浆 　3)封堵岩溶陷落柱的注浆 　4)巷道布设在厚层灰岩的突水口的注浆 3. 封堵天然隐伏垂向补给通道的注浆 4. 堵水截流帷幕的注浆

下面主要介绍较为常见的 5 种水患防治技术：地面防治水、井下防治水、疏放排水技术、带压开采技术和注浆堵水技术。

第一节　地面防治水

地面防治水是指在地面修筑防排水工程，防止或减少大气降水和地表水渗入井下。它是保证矿井安全生产的第一道防线，对以降水和地表水为主要涌水来源的矿井尤为重要。

地面防治水应根据矿区的自然地理和水文地质条件，采取综合措施，方能取得实效。切实认真地做好地面防排水工程，一旦遭遇特大洪水时，也能保证矿井的安全生产。

一、地面防治水概述

1. 地表水源

对地表水源要进行调查和观测，了解气候条件、地形和地貌、大气降水的分布量以及江河、湖泊、沼泽、洼地等的分布状态，并进行井上井下对照，分析其间的联系。

1)大气降水

大气降水是地表水的主要来源。在开采浅部矿层和采用崩落法采矿或其他方法采矿时，在地表形成塌陷区的场合，大气降水会沿塌陷区裂缝涌入矿内。尤其是雨季雨量大，在不能及时排出矿区的情况下，大气降水通过表土层的孔隙和岩层的细小裂隙渗入矿内，或洪水泛滥时，沿塌陷区、废弃井口或通达地表的井巷(包括小窑乱采乱掘与大矿沟通的通道)，大量灌入而造成矿井水灾。

2)江河、湖泊、洼地等积水

江河、湖泊、池沼、水库、低洼地、废弃的露天矿井等积水，可能通过断层、裂隙、石灰岩溶洞等与井下沟通，造成矿井突水事故。

为防止水患，必须搞清矿区及其附近地表水流系统和受水面积、河流沟渠汇水情况、疏水能力、积水区和水利工程情况，以及当地日最大降水量、历年最高洪水位，并且结合矿区特点建立和健全防水、排水系统。

2. 地面防治水措施

搞好防洪调查是使地面防洪工程设计更加切合实际的基础。在防洪调查时重点掌握以下情况。

(1)查清矿区及其附近地面水流系统的汇水、渗漏情况和疏水能力。

(2)查清有关水利工程情况,熟悉当地水库、水电站大堤、江河大堤、河道和河道中障碍物等。

(3)查清当地历年降水量和最高洪水位资料。

(4)查清疏水、防水和排水系统情况。

地面防治水是指在地表修筑防排水工程,填堵塌陷区、洼地和隔水防渗等多种防治水措施综合运用,以防止且减少地表水大量流入矿内,地面防治水措施主要包括填塞通道,排除积水河流改道、修建水库及排洪道等。

3. 地面防治水应注意的主要问题

(1)充分调查当地的地形、地貌条件,编制地形地质图和基岩地形地质图,掌握基岩充水含水层出露及隐伏露头情况,确定地表分水岭、充水含水层的补给区,计算评价每一水系或排(防)洪沟渠的汇水面积,结合实际情况,进行矿坑充水条件分析。

(2)掌握不同降水强度下的地表和地下径流模数,一般要根据一定流域范围的岩层条件,进行连续几个水文年的小流域水均衡观测,便取得实际资料。

(3)根据矿层开采理论及相关规律,确定含(隔)水层的破坏情况,分析地表水和大气降水的入补给条件和范围,结合井上井下实际观测资料,设计地表防治水的具体工程。

(4)要充分利用当地气象资料,根据大气降水规律及降水强度,比较准确地预测防(排)洪渠、堤坝、桥涵的瞬时流量,以确定防(排)洪的标准和断面。

(5)掌握和圈定矿区历史最高洪水位的洪水淹没范围,并做好汛期前的调查和期中的巡回检查。根据井下当年开采范围的扩大和以往影响地表的规律,分析可能出现的隐蔽古井筒或岩溶漏斗塌陷坑的范围。发现有陷落迹象的,应立即事前加以处理。

(6)根据相关要求,设计沟渠堤坝的抗洪强度和排泄能力。地表防洪的关键是确定设计采用的洪峰流量和水位,要根据当地的气象资料,选定某一频率作为计算洪峰流量的标准。该工作与矿井涌水量预测评价一样,是地面防治水工程设计的重要参考依据,一般采用概率原理方法解决。

4. 危险区的确定和预防

地面防治水在洪水聚集区内如有隐蔽古井筒突然陷落或隐蔽的岩溶陷落时,是最危险有害的,需要认真探查预测和防治。具体探测与预防内容主要包括以下几方面。

(1)认真分析隐蔽古井和岩溶漏斗的分布规律,事前圈定危险区,采取相应的截洪、排洪措施和必要的抗灾抢险准备。

(2)防止矸石、剥离土石方堆积危险区内,以免增加治理和抢险的难度。

(3)涵洞或泄洪沟渠禁止修筑在危险区内。

(4)应钻孔揭露老窑区或岩溶裂隙,消除因地下水流动产生巨大负压。

(5)用钻孔进行地下水动态监测,来分析地下可能存在的充水和充气空间。

(6)进行地表物探,查明老区和岩溶裂隙分布状况、隐蔽古井筒或岩溶漏斗位置,以便进一步查证治理。

二、地面防治水方法

地面防治水的方法有河流改道、铺整河底、填塞通道、挖沟排(截)洪、排除积水、注浆截流堵水等。

1. 河流改道

若矿区范围内有河流通过并严重影响生产(如进行河下采矿时河水有可能沿采空裂灌入井下),可在河流进入矿区的上游筑一水坝,将原河流截断,用人工河道将河水引出矿区范围以外(图6-1、图6-2)。

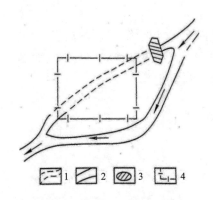 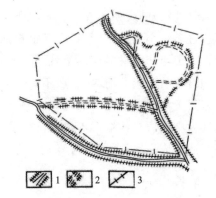

1.河道;2.人工河道;3.拦河坝;4.矿界。

图6-1 河流改道示意图

(据高宗军等,2011)

1.河流及堤防;2.废河废堤;3.井田边界。

图6-2 河流截弯取直示意图

(据陈书平等,2011)

1)河流改道的原则

(1)河流改道一般工程量大,投资多,一般不宜轻易采用,应通过技术经济比较后再行设计施工。

(2)要考虑矿区发展远景和工农业布局,既要避免二次改道,又不要因改道而影响矿区的工农业和生活用水。

2)河流改道设计

(1)人工河道路线选择应尽量走洼地,工程地质条件好,线路短的地方。

(2)人工河道起点和终点应顺应河势。河道坡度要合理,不宜过大或过小,以免冲刷或淤塞;河道的断面应能保证通过最大洪水量。

(3)在人工河道起点处,须在原河道上设置拦河坝,将水流引入新河道。坝址及人工河道应选择在隔水岩层上,必要时还应对局部河段进行防渗处理。

(4)拦河坝距人工河道衔接部位应有一定距离,以免拦河坝被水流冲溃。

(5)人工河道终点河下段河道相接处交角不宜过大,以防冲刷对岸。

(6)废弃河道应妥善处理,如进行废河还田、矸石填平等。

2. 铺整河底

流经矿区的河流、冲沟、渠道,当水流沿河床或沟底的裂缝渗入地下时,则可在渗漏地段用黏土、料石或水泥修筑不透水的人工河床,以制止或减少河水渗漏(图6-3)。

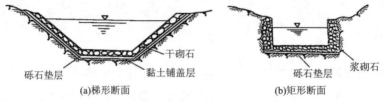

图6-3 人工衬砌河床断面示意图

漏水河床(冲沟)铺底如图6-4所示,原则如下。

(1)不应过多缩小原河床断面,人工铺设河床断面尺寸的确定按规范进行。

(2)铺设人工河床的材料应尽量就地取材,铺砌方式满足防渗、防潜蚀、防冲刷。

(3)砂卵石等易变形的河床,一般不宜用刚性材料衬砌。

(4)在基岩上浇注混凝土时应进行清基处理。

(5)刚性衬砌应留有伸缩和不均匀沉降缝,缝间用沥青止水。

(6)漏水的河床岸坡,也应进行衬砌处理。

3. 填塞通道

地面塌陷裂缝、基岩裂隙、溶洞、废弃的矿井等都可能成为降水及地表水直接或间接流入井下的通道,如确与井下构成了水力联系,就应用黏土或水泥将其填塞。对于较大规模的塌陷裂缝或溶洞,通常下部充以碎石,上部覆以黏土,分层夯实并使之稍稍高出地表,以防积水和泥浆灌入,如图6-5所示。

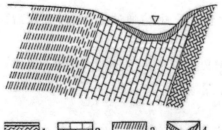

1.矿层;2.灰岩;3.页岩;4.整辅后的人工河床。

图6-4 整铺河床示意图

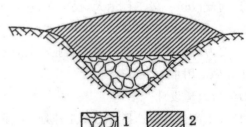

1.砾石;2.黏土。

图6-5 塌陷坑堵填方法示意图

4. 挖沟排(截)洪

位于山麓或山前平原地区的矿井,山区降雨以山洪或潜水流的形式流入矿区,或在地势低洼处汇集,造成局部淹没,或沿矿层、含水层露头带及采空塌陷裂隙渗入井下,增大矿井涌水量。在矿井上方垂直来水方向修筑拦洪及排洪沟,拦截排泄洪水,如图6-6所示。

有时洪水的峰量过大,完全靠排洪沟排泄是不可能的,在有条件的情况下,可修建水库以削减洪峰。

5. 排除积水

矿区低洼区和塌陷区不易填平时,要设泵站,将区内积水及时妥善排除,防止内涝。当矿区内有大的湖泊、池塘时,一般采用隔断对地下水的补给,改善其排泄条件,并采用筑坝排水或补漏措施,减少地表水下渗量。

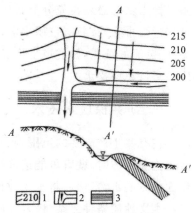

1.地形等高线;2.排洪沟;3.矿层。

图6-6 在矿层露头的上部修筑排洪沟

6. 注浆截流堵水

富水含水层与地表水保持经常性水力联系的矿区,在井巷施工中,有的地段涌水量很大,对安全生产、施工条件和设备的维护等都很不利。为了防止地表水的渗透补给,可用注浆手段截流堵水。

第二节 井下防治水

井下防治水与地面防治水是相互配合、缺一不可的重要防治水措施。井下防治水首先应从合理进行开采布局、采用正确的开采方法入手,并采取留设防水矿柱、修防水闸门和超前探水等各项措施。

(1)合理进行开采布局,采用正确的开采方法。这是利用自然条件,防止或减少地下水进矿坑的积极措施。其内容包括:矿层开采顺序和井巷布置应从水文地质条件简单地段开始,如岩溶矿区,第一批井巷应尽量布置在非岩溶或岩溶发育较弱地区;井筒及井底车场应布置在地层完整且不易突水处;在强含水层或地表水下采矿时,应先开采深部,后采浅部;而在高压含水层之上采矿时,则应先采浅部,后采深部;对于处于同一水文地质单元的矿层,应该多矿井相互配合开采,整体疏干;为减少顶板的破坏,避免采用大跨度的崩落法作业。

(2)留设防水矿柱。当矿层与含水层接触时,为了防止突水事故,应留设一定宽度和一定厚度的防水矿柱。留设防水矿柱的大小,既要考虑安全,又要经济合理,尺寸的确定与水头压力,矿层及围岩的强度、产状以及采矿方法等因素有关。

(3)修建防水闸门或水闸墙。在采区巷道进出口或井下重要设施(如井底车场、水泵房、变电所等)的通道,可修建防水闸门,以便发生突水时,可关闭闸门,控制水害。另外,在局部有突水威胁的采掘工作面,可修建水闸墙,将水堵截在小范围内,以防突水波及全矿。

(4)超前探水。矿坑水患,不仅在于水量大、水压高,更重要的是在于其突然性。提前进行钻探,以查明采掘工作面的前方、侧帮或顶、底板的水情,确保安全生产的一项重要防水措施。探水钻孔必须在充分分析矿井地质、水文地质条件的基础上进行布置,通常是当掘进坑道接近强含水层、断层带积水区,或靠近可能存在着流砂层、充填泥沙的大溶洞以及有突水、突沙、突泥的征兆(如坑道变形、工作面淋水、涌水、涌沙明显或有异常的声响、气味等)时,都应该坚持超前探水。

一、矿井探放水技术

在有些生产矿井的范围内,常常有许多充水的老窿、断层以及富含水层。当采掘工作面接近这些水体时,就有可能造成地下水突然涌入矿井的事故。使用探放水的方法可以探明工作面前方的水情,然后将水排放出来,确保采掘安全。

水文地质条件复杂、极复杂的矿井,在地面无法查明矿井水文地质条件和充水因素时,更要加强探放水工作。在矿井受水害威胁的区域,进行巷道和矿井工作面掘进前,要采用钻探、物探和化探等方法查清水文地质条件,发现断层、裂隙和陷落柱等构造充水的,应当采取注浆加固或者留设防隔水矿(岩)柱等安全措施。

(一)探放水前的准备工作

(1)探放水对象的不同,调查研究的内容也不一样。老采区积水主要调查内容有积水巷道名称、标高、矿层号、积水量、一般涌水量、积水面标高。未封闭或封闭不良的导水钻孔主要调查内容有编号、孔径、孔深地面位置、三度坐标,与各矿层的关系,所揭露含水层情况(单位涌水量、水位标高等)。已知含水断层主要调查内容有巷道实见断层的走向、倾向倾角、落差,落差沿走向变化的趋势、破碎带宽度及其胶结情况,历史上出水征兆、涌水量、水位标高、水压等。矿层底板强含水层主要调查内容有含水层名称、岩性厚度、水位、单位涌水量,与可采层的间距,矿层底板与强含水层之间隔水层厚度、隔水程度等。

(2)采掘工作面探放水前,应当编制探放水设计,定探水警戒线。探放水钻孔的布置和超前距离应当根据水头高低、矿(岩)层厚度和硬度等确定。探放水设计由地测机构提出,经矿山总工程师组织审定同意,才能进行探放水工作。井下探放水应当使用专用的探放水钻机,严禁使用矿电钻探放水。布置探放水钻孔应当遵循下列规定:

A.探放采空区水、陷落柱水和钻孔水时,探水钻孔应成组布设,并在巷道前方的水平面和竖直面内呈扇形。钻孔终孔位置以满足平距3m为准,厚矿层内各孔终孔的垂距不得超过1.5m。

B.探放断裂构造水和岩溶水等时,探水钻孔沿掘进方向的前方及下方布置。底板方向的钻孔不得少于2个。

C.矿层内,原则上禁止探放水压高于1MPa的充水断层水、含水层水及陷落柱水等。如确实需要的,可以先建筑防水闸墙,并在闸墙外向内探放水。

D.上山探水时,一般进行双巷掘进,其中一条超前探水和汇水,另一条用来安全撤人。双巷间每隔 30～50m 掘一个联络巷,并设挡水墙。

(二)老窿(空)积水的探放

1. 探放水工程设计的内容

(1)探放水迎头周围的水文地质情况,如老窿积水情况,确切的水头高度,积水量,正常涌水量,与上(下)层采空区、相邻积水区、地表河流、建筑物、周围老窿及断层等导水构造的关系,以及存在的不利因素,积水区与其他含水层的水力联系程度等。

(2)探水施工与掘进工作的安全规定,巷道掘进方向、规格、保护形式、钻眼组数、每组个数、方向、角度、深度、施工技术要求,施工次序,确定采用的超前距与帮距。

(3)探水巷的专用电话、信号联系、通风措施和避灾路线及专职跟班检查制度,并建立防排水措施、水情及避灾汇报制度和灾害处理措施。

(4)附积水区与现采区关系平面图,探放水钻孔布置平面图与剖面图。

2. 探放水注意事项

(1)检查水沟、排水系统和准备堵水材料。

(2)加强钻孔附近的巷道支护和检查矿壁。

(3)依据设计,确定探水孔位置时,由测量人员进行标定负责探放水工作的人员亲临现场,共同确定钻孔的方位、倾角、深度和钻孔数量。探水钻孔除兼作堵水或者疏水用的钻孔外,终孔孔径一般不得大于 75mm。

(4)按照预计水压值采用不同的方法施工。水压大于 0.1MPa 的地点探水时,先固结套管。套管口安装闸阀,套管深度在探放水设计中规定。水压大于 1.5MPa 时,采用反压和防喷装置的方法钻进,并制定防止孔口管和矿(岩)壁突然鼓出的措施。

(5)在探水作业时,检查安全退路并在附近安设专用电话。避灾路线内不许有矿屑木料、矿车等阻塞,要时刻保证避灾路线通畅无阻。

(6)矿层内原则上不得探高压充水断层、强含水层及陷落柱水,应在水闸墙外探水。

(三)断层水及其他可疑水源的探放

探断层水、强含水层水及其他可疑水源的方法与注意事项与探老窿(空)水相同,但探水钻孔的孔数较探老窿(空)水的要少。遇下列情况必须探明断层水。

(1)采掘工作面前方或附近有含(导)水断层存在、或预测有导水断层,但具体位置不清或控制不够严密。底板隔水层厚度与实际承受的水压都处于临界状态(即等于安全隔水层厚度和安全水压的临界值),在掘进工作面前方和采面影响范围内,有断层情况不清,一旦遭遇很可能发生突水。

(2)断层已为巷道揭露或穿过,暂时没有出水迹象,但由于隔水层厚度和实际水压已接近临界状态,在采动影响下,有可能引起突水,需要探明其深部是否已与强含水层连通,或有底板水的导升高度。

(3) 井巷工程接近或计划穿过的断层浅部不含(导)水,但在深部有可能突水,或根据井巷工程和自设断层防水矿柱等的特殊要求时。

(4) 采掘工作面距已知含水断层60m或接近推断含水断层100m时。

(5) 采区内小断层使矿层与强含水层的距离缩短,或构造不明,含水层水压又大于2MPa时。

（四）岩溶陷落柱水的探放

在矿层底板下伏巨厚层状碳酸盐岩充水含水层组,由于导水岩溶陷落柱的存在,使某些处于上覆地层本来没有贯穿基底的巨厚层状碳酸盐岩强充水含水层中,小型断层或一些张裂隙成为水源补给充沛强富水的突水薄弱带,井巷工程一旦触及这些薄弱带,将不可避免地引发突水或淹井事故。若导水岩溶陷落柱本身直接突水,其后果就更为严重。探测岩溶陷落柱导水性钻孔的布置和施工中注意以下问题。

(1) 水压大于2MPa的岩溶陷落柱原则上不沿矿层布孔,而应布设在矿层底板岩层中,因为沿矿层埋设的孔口安全止水套管很可能被高承水压突破。

(2) 孔口安全装置和安全注意事项与探高压断层水的钻孔要求相同。

(3) 要提高岩芯采取率,及时进行岩芯鉴定做好断层破碎带和岩溶陷落柱的分辨工作,编制好水文地质图表。监测并记录孔内水压、水量和水质的变化,发现异常应加密或加深钻孔,争取直接探到岩溶陷落柱。

(4) 探到岩溶陷落柱无水或水量很小时,要用水泵进行略大于区域静水压力的压力试验,以便进一步检验其导水性。同时,要向其深部布孔,了解深部的含(导)水性和矿层底板强岩溶充水含水层的原始导升高度。

(5) 严格执行钻孔验收和允许掘进距离的审批制度。钻孔探测后必须注浆封闭,并做好封闭记录,注浆结束压力应大于区域静水压力的1.5倍。

（五）导水钻孔的探查与处理

矿区在勘探阶段施工的各类钻孔,往往贯穿若干含水层组,有的还可能穿透多层老窿积水区,甚至含水断层等。若封孔或止水效果不好,人为地沟通了本来没有水力联系的含水层组或水体,则会使矿层开采的充水条件复杂化。

1. 历史上已有的导水钻孔的调查与分析步骤

(1) 绘制钻孔分布图,将过去有关部门钻进的各类钻孔都准确地标定在图上。尽量收集到柱状图、封孔止水资料、孔口标高和坐标、测斜数据及其他有关资料,以便准确定位。没有坐标、标高的钻孔,应从旧图纸或对照现场地形地物确定位置,反求出坐标,便于查找。

(2) 建立钻孔止水质量调查登记表,分析确定有怀疑的导水钻孔,并将其标到有关的采掘工程平面图和储量图上,圈定警戒线和探水线,以引起高度重视。

2. 防止出现导水钻孔的基本措施

(1) 各类勘探孔达到勘探目的后,应立即全孔封闭,包括第四系潜水含水层以下各含水层组。为了防止水砂分离或黏土稀释流失,封孔不能用水泥砂浆或黏土,要用高标号纯水泥。

(2)要先提出封孔设计,进行分段封孔并分段提取固结的水泥浆样品,实际检查封孔的深度和质量,由下而上,边检查边封闭,做好记录,最后提交封孔报告书。严重漏水段,应先下木塞止水,然后注浆,防止水泥浆在初凝前漏失。

(3)需要长期保留的观测孔、供水孔或其他专门工程孔,必须下好止水隔离套管。套管和孔壁之间的环状间隙要用优质水泥注浆固结。

(4)所有钻孔的孔口均应埋设标志,并要准备测斜资料,便于确定不同深度的偏斜位置。一旦需要时,利于采取措施。

二、防水矿(岩)柱留设

在水体下、含水层下、承压含水层或导水断层附近采掘时,为防止地表水或地下水溃入工作地点,需要留出一定宽度或高度的矿(岩)层不采动,这部分矿(岩)层称为防隔水矿(岩)柱或防水矿(岩)柱。

(一)防水矿(岩)柱的种类

根据防水矿(岩)柱所处的位置和作用的不同,将防隔水矿(岩)柱分为:断层防隔水矿(岩)柱、矿界防隔水矿(岩)柱、相邻水平(采区)防隔水矿(岩)柱、水淹区防隔水矿(岩)柱、地表水防隔水矿(岩)柱、冲积层防隔水矿(岩)柱、顶板防隔水岩柱、底板防隔水岩柱等几种。

(二)防水矿(岩)柱的留设原则

(1)矿井存在着严重水患威胁,但是又不能采取疏干降压的方法时,如为了不增加疏放成本和保护环境,如果需要进行采矿活动,必须留设防隔水矿(岩)柱。留设防隔水矿(岩)柱必须在确保安全可靠的基础上尽量缩小矿柱的尺寸,以充分利用矿山资源。

(2)要根据矿山地质构造、水文地质条件、矿层赋存状态、围岩的物理力学性质、矿(岩)层的组合结构方式等自然因素和采矿方法、支护形式、开采强度等人为因素,合理地留设防隔水矿(岩)柱。

(3)在多矿层开采矿井,各矿层的防隔水矿(岩)柱必须统一考虑设计,防止某一矿层的开采破坏另一矿层的防隔水矿(岩)柱,导致整个区域防隔水矿(岩)柱失效。防隔水岩柱中必须有一定厚度的黏土质隔水岩层或裂隙不发育、含水性极弱的岩层。

(4)在同一地点有两种及以上留设防隔水矿(岩)柱条件时,留设的防隔水矿(岩)柱必须满足各个留设矿(岩)柱的条件。

(5)严禁任何形式的破坏防隔水矿(岩)柱,严禁在各种防隔水矿(岩)柱中进行采掘作业。严禁开采矿层露头的防隔水矿(岩)柱。如果留设的矿(岩)柱任何一处遭到破坏,必将造成整个矿(岩)柱失效。

三、防水闸门与防水墙设置

防水闸门和水闸墙是井下防水的主要安全设施。凡水患威胁严重的矿井,在井下巷道设计布置中,必须在适当位置设置防水闸门和水闸墙。在水患发生时,能够使矿井分区隔离,缩小灾情影响范围,控制水患危害,确保矿井安全。

(一)防水闸门

防水闸门是用来预防井下突然涌水威胁矿井安全而设置的一种特殊的门体。它在正常情况下不妨碍运输、通风和排水,一旦井下发生水害,可将其关闭,保证其他区安全生产。

1. 防水闸门的作用

当采区发生突水灾害,由于防水闸门的阻挡作用,涌水不至于进入采区,把突水灾害的损失降低到最小。

(1)井底车场周围设置防水闸门的作用。主要是保护井筒、井底车场和中央泵房不被水淹没,有利于对突水事故进行抢险救援和灾后的排水复矿。

(2)突水危险区域附近设置水闸门的作用。主要是为了预防开采工作面突水后波及其他地区的安全生产,防止灾情扩大。

2. 防水闸门使用条件

(1)水文地质条件复杂的矿井,在开拓延伸时,必须建成水闸门后方可开拓掘进。矿井在水下采矿用大冒顶开采或受强含水层或水体威胁有突水危险的矿井,都必须在井底车场两端、中央泵房及防排水重要设施的巷道出入口筑水闸门,一旦发生了突水立即关闭闸门,将水截住,隔绝来水地点,保护泵房和其他生产作业区继续工作。

(2)探水巷道或石门遇强含水体时,在有可能突然大量涌水的采区或工作面及受水威胁的地段设置水闸门,以便有水患时将水害限制在局部范围内。当采区开采完毕,为了减少长期排水,截断被淹采区,修筑水闸墙,将突水点暂时或永久封闭。

3. 防水闸门的设置要求

(1)防水闸门必须由有资质的单位设计,保证防水闸门的施工及其质量必须符合设计要求,闸门和闸门硐室不得漏水。

(2)防水闸门硐室前、后两端,应分别砌筑不小于5m的混凝土护,后用混凝土填实,不得空帮、空顶。防水闸门硐室和护必须采用高标号水泥进行注浆加固,注浆压力应符合设计要求。

(3)防水闸门来水一侧15~25m处,应加设一道挡物箅子门,防水闸门与箅子门之间,不得停放车辆或堆放杂物。来水时先关箅子门,后关防水闸门,如果采用双向防水闸门,应在两侧各设一道箅子门。

(4)通过防水闸门的轨道、电机车架空线带式输送机等,必须能灵活易拆;通过防水闸门墙体的各种管路和安设在闸门外侧的闸阀的耐压能力,都必须与防水闸门所设计压力相一致;电缆、管道通过防水闸门墙体时,必须用堵头和阀门封堵严密,不得漏水;防水闸门必须安设观测水压的装置,并有放水管和放水闸阀。

(5)防水闸门竣工后,必须按设计要求进行验收;对新掘进巷道内建筑的防水闸门,必须进行注水耐压试验,防水闸门内巷道的长度不得大于15m,试验的压力不得低于设计水压,其稳压时间应在24h以上,试压时应有专门安全措施。

(6)防水闸门必须灵活可靠,并保证每年进行2次关闭试验,其中1次应在雨季前进行,关闭闸门所用的工具和零配件必须专人保管专门地点存放,不得挪用丢失。

(二)防水闸墙

防水闸墙是另一种形式的堵水建筑,常分临时性和永久性两种。

1. 临时性防水闸墙

所谓临时性的就是在有出水威胁的采掘工作面备有堵水材料,一旦突水迅速将水堵截在小范围内。堵水材料一般用滤水性材料如木板、木垛、草袋、袋装水泥等。这种闸墙只能作为临时抢险用。

2. 永久性防水闸墙

永久性闸墙,一般是在开采结束后,为永久隔绝有继续大量涌水可能的区段而修筑的永久性关闭的挡水建筑。水闸墙用混凝土或钢筋混凝土构筑,用于堵截某一个区域开采结束后的涌水。永久性水闸墙可分为平面形、圆柱形和球形三种。平面形施工容易,但抗压强度低;球形抗压强度高,但施工复杂。故常用圆柱形。当水压很大时,可采用多段水闸墙。

第三节 疏放排水技术

疏放排水是非煤矿山防治水工作的一种基本手段,以说排水工作对于所有的矿井都是必要的。但是,疏放排水与一般的矿井排水又有不同之处。前者是指借助于专门的工程(如疏水巷道、放水钻孔、水位降低钻孔、吸水钻孔等)有计划、有步骤地使影响采掘安全的矿层上覆或下伏强水层中的地下水降低水位(水压)或使其局部疏干;后者则是指通过排水设备将流入矿井水仓(排水硐室)中的水直接排至地表。因此,疏放排水在有计划、有步骤地均衡矿井涌水量,改善井下作业条件,保证采掘工作安全和降低排水费用。疏放排水工作根据具体的水文地质条件,分为地面疏干、井下疏干、建井生产前进行的预疏和建井生产过程中进行的疏干。

一、疏放条件

当非煤矿山生产遇到下列情况时,应开展矿井的疏放排水工作。

(1)被松散富含水层所覆盖、浅埋缓倾斜矿层,需要疏干开采时,应进行专门水文地质勘探或补充勘探,查明水文地质条件,并根据勘探评价成果确定疏干地段、制订疏干方案。

(2)疏开采半固结或较松散的含水新近系古近系矿层时,采前应着重解决如下问题:①查明流砂层的埋藏分布条件,研究其相变及成因类型;②查明流砂层的富水性、水理性,预计涌水量和预测可疏干性,建立动态观测网,观测疏干速度和疏干半径;③在疏干开采试验中,应观测研究导水断裂带发育高度,水砂分离方法,跑砂体止角,巷道开口时溃水、溃砂的最小垂直距离,钻孔超前探放水安全距离等;④研究对溃水、溃砂引起地面塌陷的预测及处理方法。

(3)若矿层顶板受开采破坏后,其导水断裂带波及范围内存在强含水层(体)时,掘进、回采前必须对含水层采取超前疏干措施。要进行专门水文地质勘探和试验,并编制疏干方案,选定疏干方式和方法,综合评价流干开采条件和技术经济合理性。

(4)在矿井疏干开采过程中,应进行定性、定量分析,可应用"三图-双预测法"进行顶板水害分区评价和预测。有条件的矿井可应用数值模拟技术,进行冒裂带发育高度、疏水量和地下水流场变化的模拟和预测。

(5)承压含水层与开采矿层之间的隔水层能承受的水头值大于实际水头值时,开采后隔水层不易被破坏,矿层底板水突然涌出可能性小,可以进行"带水压开采",但必须制订安全措施。

(6)矿层(组)顶板导水断裂带范围内分布有富含水层、承压含水层与开采矿层之间的隔水层厚度,能承受的水头值小于实际水头值进行开采前,必须进行疏放排水。同时,承压含水层与开采矿层之间的隔水层厚度,能承受的水头值小于实际水头值时,必须遵守下列规定:①采取疏水降压的方法把承压含水层的水头值降到隔水层能允许的安全水头值以下,并制订安全措施;②承压含水层的集中补给边界已经基本查清,可预先进行帷幕注浆,截断水源,然后疏水降压开采;③承压含水层的补给水源充沛,不具备疏水降压和帷幕注浆的条件时,可酌情采用局部注浆加固底板隔水层和改造含水层为弱含水层的方法,但必须编制专门的设计,在有充分防范措施的条件下进行试采,并制订专门的防止淹井措施。

(7)有条件的矿井可采用"五图-双系数法"或"弱性指数法"等对底板突水危险性进行综合分区评价,预计最大涌水量。预计方法可采用比拟法、解析法和数值模拟法等。

二、疏放方法

在地下开采的非煤矿山,疏放水工作主要是在井下巷道中进行的,着重介绍在井下疏放含水层中地下水的基本方法。

1. 顶板水的疏放

顶板水的疏放主要有利用巷道或石门疏放、钻孔疏放和直通式钻孔疏放3种方法。

1)利用巷道或石门疏放

当强含水层作为矿井顶板时,利用巷道或石门疏放能取得比较好的效果。

2)利用钻孔疏放

当含水层距离矿层较远,采准巷道起不到疏放作用时,可在巷道中每隔一定距离向含水层打放水钻孔进行预先放。

3)利用直通式钻孔疏放

当矿层顶板以上有几个含水层,岩层比较平缓,含水层距地表较浅,并且巷道顶板为相对隔水层时可采用直层通式放水钻孔。直通式放水钻孔是由地表施工,向下打穿含水层,并与井下疏干巷道的放水硐室相通的垂直放水钻孔,当放水钻孔通过松散含水层或涌砂、涌泥的含水层时,应在相应部位安装过滤器。

2. 底板水的疏放

在采掘活动中,遇到岩层的原始平衡状态遭到破坏,巷道或采矿工作面底板在水压和矿山压力的共同作用下,底板隔水岩层开始变形,产生底鼓,继而出现裂缝。当裂缝向下发展延伸达到含水层时,高压的地下水便会突破底板涌入矿井。在这种情况下,可以考虑底板疏放。主要方法有利用巷道疏放和钻孔疏放降压。

1)利用巷道疏放

将巷道布置于强含水层中,利用巷道直接疏放。这种方法只有在矿井具有足够的排水能力时才能使用,否则在强含水层中掘进巷道将是不可行的。

2)钻孔疏放降压

预防底板突水主要是增加隔水层的"抗破坏能力"和降低或消除底板突水的"破坏力",钻孔疏放降压只要将底板水的静水压力降至安全水头以下,就可达到防治底板水的目的。疏放降压钻孔和顶板放水孔一样,是在计划疏降的地段,在采区巷道或专门布置的疏干巷道中,每隔一定距离向底板含水层打钻孔放水,使之形成降落漏斗,将静止水位降至安全水头以下。由于底板水通常水压高、水量大,在钻孔施工过程中容易发生事故,需要采取必要的安全措施,主要包括以下几方面。

(1)使用反压装置,以防止钻进和退钻时高压水将钻具顶出伤人,同时可提高钻进效率。

(2)埋设孔口管,安装放水安全装置,以便根据井下排水能力,控制疏放水量。通常在孔口管上安装高压闸阀和压力表,在疏放水的过程中可以观察水压变化,放水孔口装置如图 6-7 所示。

(3)地面施工井下疏放降压钻孔。在井下先掘进与疏放水巷道相联系的放水石门的工作面或一侧 5m 的地方布置孔位,利用钻孔资料来揭露含水层进行疏放降压。

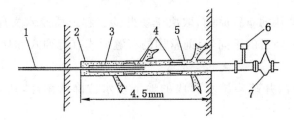

1.钻杆;2.φ150mm 钻孔;3.水泥;4.肋条;5.φ89m 钢管;6.水压表;7.水阀门。

图 6-7 放水孔口装置示意图

3. 老窑水的疏放

老窑区采用放水措施时,必须对放水需要的时间、放水后可能引起的后果,都应详细分析研究,根据经济、安全、合理的原则把局部和整体当前和长远结合起来全面考虑,按具体情况分别采取直接井下巷道放水或巷道配加钻孔放水,或是先堵源截流后疏放,或是先放水后堵洞,或永久封闭。放老窿水前要计算老窿积水的数量,确定放水孔直径、数目和需要的时间等必要数据。采用井下放水的方法排放老窿积水时,应注意以下几个问题。

(1)若采空区距地表较近,且与地表的积水低洼区连通时,排放老窿水可能会引起矿井涌水量增大,进入雨季,因防水工程不当可能会造成淹井。

(2)若一些老窿区由于断层水溃入而被淹废弃时,排放水前必须对突水点先堵塞再放水。

(3)老窿积水一般年代久远,水质呈强酸性,因此腐蚀性较强,建议使用防腐蚀的排水设备。

(4)古井较多的地区,区域性的排放积水会使矿井与古井贯通,造成跑风、漏风现象,干扰正常风流,影响矿井通风。

4. 地面疏降

地面疏降又称强排深降。它是在疏干(降)地段由地面向矿井的充水含水层施工大孔径钻孔,安装潜水泵于孔中(深井泵或深井潜水泵)进行抽水,以形成降落漏斗,达到降低地下水水位,实现安全采矿的目的。地面疏放施工简单,施工期限较短,劳动和安全条件好,疏放工程布置灵活性强,而且排出的水未受污染,水质良好,适宜于工、农业和生活用水,越来越被人们所重视。

1)地面疏降的适用条件

(1)含水层具有透水性能良好、含水丰富的含水层,其渗透系数 K 一般不小于 $2.5\sim66m/d$,一般对岩溶或裂隙发育的裂隙岩溶含水层较适宜。

(2)经济上要合理,疏降深度一般不能太深,对疏排的地下水做到合理利用。

(3)疏放降压深度不应超过水泵的扬程。

(4)设置水泵的地段,地面基础应具备较好的工程地质条件,以防止强排地下水过程中引起地面塌陷或使泵基陷落。

2)抽水孔的布置

强排深降大孔径钻孔的布置原则,取决于矿井的工程地质及水文地质条件,与勘探钻孔布孔原则相同。由于疏降目的不同,目前常用的布置形式有行列式和环形式两种。钻孔布置形式应遵循以下原则。

(1)布孔必须保证深井疏降排水形成的地下水水位降落漏斗,适应采掘工作面的安全水头。

(2)尽量使深井的数量少而又达到安全要求。

第四节 带压开采技术

当矿层顶板以上或底板以下有承压含水层存在时,必须根据具体的水文地质条件采取不同的防治水措施和开采方案,以有效地防止突然涌水。常见的带压开采的方式和措施见表6-2。

表 6-2 带压开采的方式和措施

类型	开采方案	必须具备的条件	主要措施
带压开采	带压开采	区内构造比较简单,隔水层较为完整,其厚度符合要求	1.须采用能够有效控制采高和防止采面局部抽冒的采矿方法。 2.相应的加大排水能力,工作面要准备好必要的泄水巷道。 3.对有关含水层应有观测孔。 4.对断层或其他薄弱带要超前探查,加固或留设安全矿柱
疏水降压开采	部分降压	1.隔水层(岩柱)的厚度小,或厚度虽够,但矿柱构造破坏较严重。 2.含水层的补给边界、水量已经查明,可以合理疏降到一定的安全水平	1.对可能的进水边界要留设必要的防水矿柱。 2.采用综合疏降措施,把水压降到安全值以下,并建立必要的动态观测网。 3.采用能够有效地控制采高和防止抽冒的采矿方法
疏水降压开采	全部降压	1.无隔水层(岩柱)或隔水层厚度很小。 2.含水层的补给边界已经查明,补给水量较小,或经过注浆处理后,预计补给量较小,可以把水压降到开采水平以下,甚至排干	1.对可能增加疏干水量的补给通道要留设必要的矿柱,必要时应封堵。 2.采取综合疏降措施,把水柱降到开采水平以下,并建立动态观测网

一、带压开采的适用条件

矿层底板存在承压含水层,在不进行或很少降低含水层水头压力的情况下,能够安全采矿,不发生任何底板出水。带压开采适用的条件如下。

(1)带压开采区内水文地质条件简单,含水层补给条件差或一般,补给水源少或有一定补给水源,在不采取任何疏降措施情况下,能够实现安全开采。

(2)带压开采范围内水文地质条件中等,但补给水源通道清楚,通过局部注浆、帷幕注浆封堵补给通道和水源,在少量疏水降压后,水层水头值能够降到安全水头值以下。

(3)带压开采范围内构造简单,断层及伴生小断层发育简单且有规律,褶皱发育平缓且裂隙较少,没有陷落柱等导水构造,含层水压值小于临界水压值,满足带压开采要求。

(4)带压开采范围内矿层与含水层之间隔水层较完整且厚度大于理论计算的安全隔水层厚度且符合要求,不存在破碎带和薄弱带。

二、带压开采对水文地质工作的要求

(1)带压开采范围内水文地质条件探查。带压开采工作面回采前,应通过物探、化探、钻探、放水试验等手段,查明疏降区水文地质条件,包括地下水的补给条件和运动规律,疏降的边界条件,地下水系统的天然资源量、补给量、存储量及其变化特征,以及可能的补给水源、补给通道和补给水量,需疏降含水层与地表水体或其他含水层之间的水力联系及在疏降过程中的可能变化情况,含水层的水文地质参数等。

(2)带压开采范围内矿层底板破坏深度探测。带压开采工作面在回采前后,应进行矿层底板破坏深度探测,以掌握矿层底板破坏深度发育情况取得相应有效安全隔水层厚度。

(3)带压开采范围内含水层原始导升高度探查。在工作面回采前,可通过物探、钻探等手段查明含水层原始导升高度。

(4)安全隔水层厚度与实际隔水层厚度的关系。带压开采工作面回采前,应确切掌握隔水层岩性、厚度及其变化情况。确保带压采实际隔水层厚度大于安全隔水层厚度。

(5)构造对带压开采的影响。构造是诱发矿井突水的重要因素。带压开采的矿山不仅实际隔水层厚度应大于安全隔水层厚度,而且还应该是构造较简单,岩层完整性较好的区段。

(6)根据已有的资料编制各种专用图件。

第五节 帷幕注浆堵水及材料应用

帷幕注浆堵水技术不仅具有减少矿井排水量、节省排水用电、降低成本的优点;而且也有利于地下水资源的保护和利用,减轻对环境的破坏;同时亦可加固井巷和工作面底板薄弱地带,减少突水可能性。尤其是被大水淹没的井,通过注浆堵水工程能使被淹矿井迅速恢复生产。

帷幕注浆堵水,系指将各种材料(黏土、水泥、粉煤灰、尾矿砂、水玻璃、化学材料等)制成浆液注入地下预定地点(突水点或含水层等),使之扩散、凝固和硬化,从而起到堵塞水源通道作用。

注浆材料是注浆堵水和加固工程成败的关键因素。注浆材料的选择,主要取决于堵水加固地段的地质条件、岩层裂隙和岩溶发育程度、地下水的流速和化学成分等因素。选择注浆材料的一般要求如下:可注性好(如流性好、黏度低、分散相颗粒小等)、浆液稳定性好(析水少、颗粒沉降慢)浆液凝结时间易于调节、固化过程最好是突变的;浆液固结后需具备要求的力学强度、抗渗透性和抗侵蚀性;材料来源广、廉价且储运方便;配制、注入工艺简单,不污染环境;材料可重复使用及选矿废弃物的再生利用。

一、注浆材料分类

常用灌浆材料可分为固粒灌浆材料、化学灌浆材料和精细矿物灌浆材料。

1. 固粒灌浆材料

由固体颗粒和水组成的悬浮液。它取材方便,造价低,施工简单,并具有较好的防渗或固结能力,但其所能灌填的缝隙宽度却受其固体颗粒的细度限制。固粒灌浆材料有黏土浆、水泥浆、水泥黏土浆、水泥尾砂浆、水泥粉煤灰浆和水泥-水玻璃双液浆等。

(1)黏土浆。使用最早的灌浆材料。黏土的颗粒细,透水性小,制成的浆液稳定性好,价格低廉,但其结石强度和黏结力都很低,抗渗压的能力也弱,仅用于低水头的临时性防渗工程中。

(2) 水泥浆。目前使用最多的灌浆材料。它的胶结性能好,结石强度高,施工也比较方便,适于灌填宽度大于 0.15mm 的缝隙或渗透系数大于 1m/d 的岩层。对具有宽大缝隙的岩石或构筑物、地下水流速或耗浆量很大的岩层灌浆时,常在水泥浆中掺入砂子,以减少浆体结硬时的收缩变形,增加黏结力和减少流失。

(3) 水泥黏土浆。综合了水泥浆的结石强度高和黏土浆的浆液稳定性好、流动性好、价格便宜等优点,使用范围比较广,主要用于细小裂隙注浆,并可根据不同要求选择不同的水泥-黏土配合比。

(4) 水泥尾砂浆。水泥尾砂浆具有浆液结石体强度高、材料来源广泛、价格低廉等优点,但流动性能较水泥浆稍差,适用于裂隙较为发育的岩层中。

(5) 水泥粉煤灰浆。粉煤灰的颗粒细,与水泥等胶凝材料共同制成的浆液稳定性和流动性都较好,在灌浆工程中的应用日趋广泛。

(6) 水泥-水玻璃双液浆。具有初凝时间短且易于调节,根据水泥浆液与水玻璃比例的不同浆液初凝时间可调控为几秒到几十分钟,但其操作困难,一般用于局部宽大岩溶裂隙注浆,常与其他浆液配合使用。

为了改善固粒灌浆材料的性能,有时还掺用塑化剂、促凝剂等外加剂。

2. 化学灌浆材料

由化学药剂制成的流动性好的液体。用它能灌入比较细微的缝隙,还能根据需要调节凝结时间。化学灌浆材料分无机及有机两种:无机灌浆材料以硅酸钠为主要原料,称硅化用灌浆材料;有机灌浆材料以各种高分子材料为主要原料,目前常用的有硅酸钠、环氧树脂、甲基丙烯酸甲酯、丙烯酰胺及聚氨酯等几种。

(1) 硅化用灌浆材料。以硅酸钠(水玻璃)为主要原料的化学浆液。有双液法和单液法两种灌注方法:双液法是将硅酸钠和氯化钙两种溶液先后压入,化合后结石强度较高,但由于所用硅酸盐溶液的黏度比较大,一般用于渗透系数为 2~80m/d 的砂质土的加固及防渗;单液法采用比较稀的硅酸钠溶液,其黏度和强度都较低。

(2) 环氧树脂灌浆材料。以环氧树脂为主体,加入一定比例的固化剂、稀释剂、增韧剂等混合而成。环氧树脂硬化后黏结力强,收缩小,稳定性好,是结构混凝土的主要补强材料。一些强度要求高的重要结构物,多采用环氧树脂灌浆。近年来,也能用于漏水裂缝的处理。

(3) 甲基丙烯酸甲酯堵漏浆液。简称甲凝,是以甲基丙烯酸甲酯、甲基丙烯酸丁酯为主要原料,加入过氧化苯甲酰、二甲基苯胺和对甲苯亚磺酸等组成的一种低黏度灌浆材料。其黏度比水低,渗透力很强,可灌入 0.05~0.1mm 的细微裂隙,聚合后强度和黏结力都很高,可用于大坝、油管、船坞和基础等混凝土的补强和堵漏。

(4) 丙烯酰胺堵漏浆液。简称丙凝。它以丙烯酰胺为基料,以甲醛、过硫酸胺、三乙醇胺、硫酸亚铁、铁氰化钾等为助剂。使用时,将氧化剂和其他材料分别配制成两种溶液,按一定比例同时进行灌注。丙凝浆液的黏度很低,能灌到水泥浆所不能到达的缝隙,然后在缝隙中聚合,变成凝胶体而堵塞渗漏通道。但是,丙凝聚合体的强度很低,可以掺加一定量的脲醛树脂,配成强度较高的丙凝灌浆材料。主要用于防渗堵漏工程。

(5)聚氨酯灌浆材料。简称氰凝,是由异氰酸酯、聚醚和促进剂等配制而成。采用单液灌注,遇水后立即生成不溶于水的凝胶体并同时放出气体,使浆液膨胀,再次向四周渗透,即具有二次渗透的能力。氰凝最后形成的聚合体的抗渗性强,结石强度高,目前用于地下工程的渗漏缝处理。

3. 精细矿物灌浆材料

精细矿物浆材是当代新发展起来的一类灌浆材料。在组分设计上更注重基于不同的天然矿物、人造矿物和特种功能材料的组合,实现浆液性能、固结性能、长期耐久性等方面关键性能的突破。

某些精细矿物浆的浆液性能,如浆液稳定性、浆液黏度、可注性、凝胶时间的可调整性、固结强度和固结体占容等重要性能已接近或超过性能优越的化学浆液。

二、注浆材料的应用

地下水充水通道一般分为孔隙充水通道、裂隙充水通道及岩溶充水通道,根据地下水充水通道的不同,其采用的注浆材料也有所不同。针对孔隙充水通道宜采用流动性能较好的浆液,如水泥浆、水泥黏土浆、水泥粉煤灰浆液及化学浆液,根据工程造价,常采用水泥黏土浆;针对裂隙充水通道为了减少浆液的流失宜采用流动性能稍差的浆液,如水泥尾砂浆;针对岩溶充水通道宜采用初凝时间短的浆液,如水泥-水玻璃双液浆。

(一)水泥黏土浆的应用

1. 工程概况

1)项目简介

安徽省庐江县黄屯硫铁矿床位于安徽省庐江县城东南方向约30km,庐江县龙桥镇境内。矿床属于未开发利用的新矿床,水文地质、工程地质条件复杂,预测矿坑涌水量极大。在矿山基建及采矿前,安徽省庐江县金鼎矿业有限公司决定实施安全有效的防治水工程,消除地下水对采矿活动的威胁。

2)黄屯硫铁矿帷幕注浆总体方案及主要参数

根据《安徽省庐江县黄屯硫铁矿防治水主体工程设计》,采用帷幕注浆为主、井下疏干为辅的防治水方案,确定中帷幕(IJ段长1052.9m)、南帷幕(EDC段长969.1m)、西帷幕(FGHI段长700.1m)三段地面帷幕。三段帷幕与F_1断层南段及F_{2-2}断层平面上形成首尾相连的全封闭式帷幕。中南西帷幕全长2722.1m,圈定3线~30线矿山一期开采的硫铁矿体以及西部探矿新发现的矿界内的铜、金矿体。帷幕施工时受征地条件限制,南帷幕C端点以及中帷幕的J端点与设计有所变动。帷幕堵水率要求达到80%以上。

帷幕设计参数如下:帷幕设计钻孔623个,设计钻探进尺170 012m,注浆量347 735m^3,

南、中帷幕设计钻孔孔距为5m,西帷幕设计钻孔孔距为6m。注浆材料采用改性水泥黏土浆。注浆工艺方法采用全孔自上而下分段注浆,以止浆塞封闭式注浆为主,浅部裂隙发育或破碎段也可采用孔内循环或孔口循环的注浆方式。

2. 矿区水文地质概况

1) 矿区水文地质单元

矿区位于黄屯古镇以北约1km处,东、南、西三面均为地势较高的丘陵、坡地;北面为地势较低的喇叭形山前冲洪积扇,与长江-黄陂湖冲湖积平原相接。矿区属黄屯地下水系统,受地形控制构成了东、南、西三面高,向北开口的簸箕状地下水系统,该系统东、西、南三侧分别由地下水分水岭构成系统边界:北部以天河为界,西部边界大体为马鞍山—大头山—小岭—钟子山一带的地表分水岭,南部大体以天光山—卜岭—祖狮洞—寨基山地表分水岭为界,东部以大犁尖—狮子山—金山水库—雄鸡山—彭墩一线地表分水岭为界,整个地下水系统的面积约63.3km^2。

2) 矿区主要过水通道及进水方向

矿坑主要充水为基岩裂隙水的侧向径流补给。矿区东、南部基岩裂隙、孔洞接受大气降雨补给后,向断层破碎带汇集,沿断层破碎带盘面形成强径流带,向北部排泄流入天河。因此,矿区侏罗系上统龙门院组第一、第二岩性段($J_3l_{1,2}$)发育的构造破碎带是矿床开采的主要过水通道,龙门院火山岩$J_3l_{1,2}$成岩过程及后期发育的裂隙、孔洞是矿区地下水的运移通道,为地下水提供赋存空间。

天然状态下,东、南、西侧中低山区基岩裂隙接受大气降水补给后,向沟谷汇聚,而后自南向北径流运动。疏干条件下,矿区地下水流场发生改变,存在3个进水方向:①F_1断层与F_2断层之间的南部进水通道;②F_1断层与F_2断层之间的北部进水通道;③F_1断层ZK2603至GK07之间西部进水通道。

3. 注浆材料

1) 注浆材料、浆液物理力学性质试验

(1) 注浆材料的选择。帷幕注浆耗用注浆材料量大,本次帷幕注浆浆液采用水泥黏土浆,其具有堵水可靠、经济节约、原材料来源广泛、可操作性和不产生地下污染的优点。施工共耗用水泥89 334t,水玻璃63t;耗用黏土约216 124t。

①水泥:采用42.5级普硅水泥。

②黏土:黏土原材料由矿方根据附近的实际情况,就地取材,进行相关室内化验分析或材料试验后选定。

(2) 浆液物理力学性质试验。浆液浓度由稀至浓,水固比有3∶1、2.5∶1、2∶1、1.5∶1、1.2∶1、1∶1共6个级配8个配比供注浆选择,见表6-3。为确定黏土原浆的流动性,还对各种浓度的原浆黏度进行了试验,见表6-4。注浆前用所供材料配制成浆液制作的试块样进行了试验,并通过扫孔从钻孔内取出水泥黏土浆灰芯进行了强度检测,试验结果见表6-5。根据室内试验及现场注浆试验,水固比3∶1浆液水泥掺量太少,试块全部开裂无强度。水固比

1∶1浆液浓度高,可注性不好,且水泥消耗大,不适合南帷幕小裂隙注浆,仅在中帷幕深部泥灰岩地层中宽大裂隙连续注浆不起压时使用。

表 6-3 帷幕采用的改性黏土浆配比

水固比	配比(水泥∶黏土∶水)
3∶1	1∶3∶12
2.5∶1	1∶3∶10
2∶1	1∶3∶8
1.5∶1	1∶3∶6
1.5∶1	1∶2∶4.5
1.2∶1	1∶2∶3.6
1.2∶1	1∶1.5∶3
1∶1	1∶1∶2

表 6-4 黏土原浆流动性能表

原浆相对密度	黏度	其他
1.25	>90s	
1.26	>90s	
1.27	>90s	
1.28		太浓,流不动
1.29		太浓,流不动

表 6-5 改性黏土浆配比及主要性能指标

配合比 水∶灰∶土	混合浆相对密度	初凝时间 (时∶分)	终凝时间 (时∶分)	黏度	析水率/%	结石率/%	28d 抗压强度/MPa	
							孔内灰芯	试块
12∶1∶3	1.195	3∶25	13∶55	>90s	3	97	未取到	试块开裂
10∶1∶3	1.225	3∶20	17∶40	>90s	3	97	7.3	0.21
8∶1∶3	1.28	3∶08	13∶30	>90s	1	99	9.6	0.41
6∶1∶3	1.345	6∶30	24∶10	>90s	5	95	10.2	0.53
3.6∶1∶2	1.41	3∶38	18∶50	>90s	2	98	12.5	0.47
2∶1∶1	1.485	3∶26	16∶20	>90s	2	98	15.7	1.4

2)注浆工艺及技术要求

注浆过程的观测和记录采用成都西易研制的灌浆自动记录仪,注浆过程的压力和流量全部由仪器自动记录,灌浆结束后,打印出灌浆成果。其注浆工艺流程详见图 6-8。

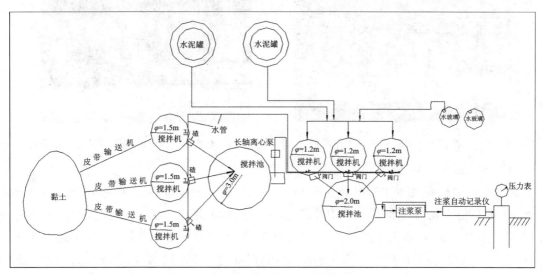

图 6-8　改性黏土浆注浆工艺流程图

(1)浆液制备。

浆液的配制在集中制浆站搅拌配制,用泵通过输浆管道输送至各注浆孔的第二次搅拌桶,再通过注浆泵向钻孔内注浆。

灌浆前,严格按配比进行配浆,通过电子秤称量系统对使用的水泥实现自动称量,当原材料重量不足时不予投放,严格控制了材料的加入量。灌浆过程中,对浆液进行比重测试,随时掌握浆液变化情况,要求每次变浆均要抽查浆液浓度是否达标,不合格浆液严禁送至二次搅拌桶。

(2)浆液浓度变换。

一般初始浓度的选择稍稀浆,在裂隙注浆连续 6~7h 不见升压就应及时调浓一级,在出现起压迹象的情况下适当延长持续注浆时间,不轻易人为控制升压,必要时适当放慢供浆速度维持自然升压过程。

4. 帷幕注浆效果检验

黄屯硫铁矿帷幕注浆工程共施工钻孔 419 个,其中注浆孔 378 个,加密孔 21 个,检查孔 20 个,检查孔及加密孔各占注浆孔总数的 5% 左右。

1)检查孔的钻探分析

从检查孔的取芯情况来看,在孔内不同深度裂隙面上多次发现有水泥黏土浆薄层,检查孔取上的结石体见图 6-9、图 6-10。说明浆液在连通性好的裂隙内扩散较好,可达到设计扩散半径。

图 6-9　中帷幕 J03 溶洞充填黏土浆结石体　　图 6-10　南帷幕 J10 裂隙面充填黏土浆结石体

2) 检查孔压水试验

黄屯硫铁矿帷幕注浆工程共施工检查孔 20 个,其中南帷幕 9 个,中帷幕 10 个,西帷幕 1 个。南帷幕检查孔共压水 152 段,其中透水率大于 3Lu 的有 3 段,占总段数的 2%,透水率小于 3Lu 的有 149 段,占总段数的 98%。中帷幕检查孔共压水 157 段次,其中透水率大于 3Lu 的有 18 段次,占总段数的 11%,透水率小于 3Lu 的有 139 段次,占总段数的 89%。西帷幕检查孔共压水 21 段次,其中透水率小于 3Lu 的有 21 段次,占总段的 100%。帷幕检查孔总压水 330 段次,其中透水率大于 3Lu 的有 21 段次,占总段数的 6%,透水率小于 3Lu 的有 309 段次,占总段数的 94%,超过 90%,此外检查孔除中帷幕 MK97~MK99 孔 10m 孔距之间的检查孔 J03 有注浆前压水透水率大于 7.5Lu 之外,其他检查孔注浆前压水透水率均小于 7.5Lu,说明帷幕注浆质量合格。透水率大于 3Lu 的孔段主要是在中帷幕降压孔段及 10m 孔距的孔段,说明帷幕不宜采用大孔距。

从检查孔钻探成果、压水试验资料、注浆成果来看:①检查孔多取上浆液结石体,说明浆液在压力作用下,扩散性良好;②压水试验合格率达 94.0%,超过 90%,说明浆液对裂隙进行了较好的充填,帷幕注浆施工质量合格;③通过对不合格段的注浆,注入量较少,表明前期注浆效果明显,裂隙等主要导水通道被有效填充,但存在局部细小裂隙未被充填的情况。

3) 结石体物理力学性能

将施工过程中取上的结石体,送试验室做抗压试验,试验结果如表 6-6 所示。

表 6-6　结石体物理力学性能表

钻孔	取样深度/m	配比(水泥∶黏土∶水)	抗压强度均值/MPa	性质
XK110	100	10∶1∶3	9.55	水泥黏土浆结石
NK76	150	10∶1∶3	12.6	水泥黏土浆结石
XK31	90	8∶1∶3	8.5	水泥黏土浆结石
NK65	200	8∶1∶3	14.1	水泥黏土浆结石
MK157	121	6∶1∶3	10.2	水泥黏土浆结石
XK31	292	6∶1∶3	16.3	水泥黏土浆结石
NK119	280	4.5∶1∶2	13.2	水泥黏土浆结石

从上表可以看出,在钻孔中不同深度所采取的水泥黏土浆,因受到了注浆压力的压实挤密作用,其抗压强度有很大的提高,最小可达 8.5MPa,最大可达到 16.3MPa,平均抗压强度可达到 12.1MPa。结石体强度高,完全能够满足帷幕墙体强度要求。

根据后期矿山疏排水统计,正常情况下矿坑排水量约 2 万 t/d,堵水率达到 80%以上,取得了显著的堵水效果。

(二)水泥尾砂浆的应用

1. 工程概况

大冶市鲤泥湖铜铁矿床为一隐伏中型铜铁矿床,位于湖北大冶市城西约 2.9km 处,隶属大冶市金湖街道办事处管辖。该矿床水文地质条件复杂,矿坑涌水量大,根据化工部长沙设计研究院编制的《大冶市鲤泥湖矿业有限公司铜铁钼矿采矿工程初步设计》,设计深度和开采范围是矿区准采范围内-205m 标高以上至-125m 标高水平的有关铜、铁、钼Ⅰ、Ⅱ、Ⅲ号矿体,为了确保采矿安全,要求帷幕注浆的最低标高选定在-380m 左右。为治理地下水害,大冶市鲤泥湖矿业有限公司委托了中南勘察基础工程有限公司进行帷幕注浆防治水方案设计和施工。

1)帷幕设计

(1)帷幕结构形式:半封底式防渗帷幕。幕底设计在下部弱含水层(Wb7)中,允许地下水沿弱含水层向开采区渗流,帷幕深度最深标高达-430m(根据勘察孔压水试验,以透水率小于 5Lu 为底线)。

(2)注浆孔的布置形式:单排孔等距离布置,勘察孔孔距为 32m(Ⅰ序孔),注浆孔孔距为 8m。

(3)注浆方式:孔口封闭,孔内循环,自上而下分段注浆。该法可恒压注浆,容易控制浆液的扩散半径,可对注浆孔钻进一段、压水一段、注浆一段,段次注浆结束经扫孔后再钻进下一段并洗孔、压水、注浆。上述工序交替进行,直至达到设计孔深要求封孔。遇较大溶洞或裂隙时,采用自流式注浆法。设计帷幕厚度 10m,浆液扩散半径 6.403m。

(4)帷幕注浆孔数:设计注浆钻孔 128 个,其中包括勘察孔 33 个(Ⅰ序孔),钻孔总进尺 43 405m,注浆总方量 127 649m^3。

(5)工程目的:堵水率达到 70%;降低矿山开采对周边环境的影响,加强周边村庄、道路、农田等的安全。

2. 注浆材料、浆液配制及物理力学试验

1)注浆材料

为了节约成本,主要采用水泥尾砂浆,辅以少量水泥黏土浆。水泥采用 P.O32.5 普通硅酸盐水泥和 P.C32.5 复合水泥;尾砂为就近选矿尾砂库内取料,要求为质地坚硬,最大粒径不大于 2.5mm,细度模数不大于 2.0,SO_3 含量不大于 1%,含泥量不大于 5%;黏土塑性指数不小于 14,黏粒含量不低于 25%;水玻璃模数为 2.4~3.4,浓度 30~45°Bé。

2)浆液配制及物理力学性质试验

制浆分为纯黏土浆,水泥黏土浆和水泥尾砂浆三种类型。三种浆液分不同岩石裂隙使用,水泥尾砂浆主要是对岩溶裂隙发育的孔段使用,浆液浓度由稀变浓,水固比从1∶1、0.8∶1、0.6∶1 3个比级配制供注浆选择。水泥黏土浆用预先搅拌好的纯黏土浆加水泥配制而成,用于岩溶裂隙不发育的孔段,浆液由稀到浓,水固比从2∶1、1.5∶1、1∶1、0.8∶1、0.6∶1 5个级配供注浆选择。

为了确定合适的浆液配比,注浆前配制不同级配的浆液并制作成试块样,见表6-7。

表 6-7　注浆材料配比试验汇总表

序号	水固比	水∶灰∶砂∶黏	黏度/s	浆液相对密度	抗压强度(28d)/MPa	添加黏土浆量/%	水玻璃加量/%	备注
1	1∶1	2∶1∶1∶0	19	1.47	6.2		5	水泥尾砂浆
2	0.8∶1	1.6∶1∶1∶0	20	1.54	6.7		5	
3	0.6∶1	1.2∶1∶1∶0	22	1.67	7.6		5	
4	1∶1	2.5∶1∶1.5∶0	19	1.46	4.2		5	
5	0.8∶1	2.0∶1∶1.5∶0	20	1.55	5.4		5	
6	0.6∶1	1.5∶1∶1.5∶0	21	1.68	6.5		5	
7	1∶1	3∶1∶2∶0	19	1.46	4.2		5	
8	0.8∶1	2.4∶1∶2∶0	20	1.56	5.0		5	
9	0.6∶1	1.8∶1∶2∶0	21	1.68	5.5		5	
10	1∶1	2.0∶1∶0.92∶0.08	19	1.35	4.4	10	5	水泥尾砂黏土浆
11	1∶1	3.0∶1∶1.85∶0.15	19	1.37	5.0	12	5	
12	1∶1	2.5∶1∶1.34∶0.16	20	1.36	4.2	15	5	
13	2∶1	4∶1∶0∶1	21	1.27	0.8		5	水泥黏土浆
14	1.5∶1	3∶1∶0∶1	24	1.34	1.7		5	
15	1∶1	2∶1∶0∶1	流不动	1.49	1.8		5	
16	0.8∶1	1.6∶1∶0∶1	流不动	1.57	4.2		5	
17	0.6∶1	1.2∶1∶0∶1	流不动	1.70	6.3		5	

本次注浆以岩溶裂隙为主,绝大部分均采用水固比为0.6∶1的水泥尾砂浆灌注,岩溶发育以裂隙为主的孔段采用水泥黏土浆灌注。一般由稀浆开灌,逐渐加浓至达到结束标准。从钻孔水泥浆结石试验成果报告可以看出,所选浆液配比,其抗压强度物理性能等均满足设计要求。

3. 帷幕注浆效果检验

1)检查孔

检查孔的数量经各方协商确定为5个,占总孔数(129个)的3.9%。检查孔布置在帷幕中心线上,岩溶裂隙发育,岩石破碎,地层条件复杂,注浆量大的孔附近。又考虑要做两条CT

试验探测剖面,两孔间距为 48m。故 CH1 孔布置在 K19~K20 注浆孔之间,CH2 孔在 K25~K26 孔之间,CH3 孔在 K64~K65 孔之间,CH4 孔在 K116~K117 孔之间,CH5 孔在 K122~K123 孔之间。检查孔设计孔深均超过原注浆孔深 5m,终孔孔径不小于 Φ75mm;钻孔偏斜率不大于孔深的 1.5%;岩芯采取率大理岩不低于 70%;破碎段(第四系、闪长岩)不低于 50%。其检查的内容主要有:①通过检查孔取芯,辨别该部位地下岩溶裂隙的注浆充填状态,由此检查注浆孔之间的交联状态及浆液的扩散半径;②通过检查孔施工时冲洗液的漏失量,分段压水试验的成果确定该部位自上而下帷幕的渗透性,以及帷幕的主径流带上是否存在大的未充填好的岩溶裂隙;③根据取出注浆结石体,试验其物理力学性能;④检查岩溶裂隙充填物的固结强度。

根据上述结果辨别帷幕幕体的注浆质量及帷幕在今后运营过程中截流能力的衰减性。

检查孔的钻探采用 YL-6 型液压钻机,金刚石单动双管取芯钻探工艺,开孔孔径 Φ130mm,终孔孔径 Φ91mm~Φ75mm。从检查孔钻探揭露岩芯采取率均比较高(大于 75%以上),岩性比较完整,大理岩岩石质量指标(平均 RQD 值为 70.2%),各孔详见表 6-8。

表 6-8 各检查孔岩芯采取率及 RQD 值一览表

孔号	第四系/m	采取率/%	大理岩/m	采取率/%	RQD 值/%	见溶洞/m	充填情况	全孔岩芯采取率/%
CH1	25.10	73.3	322.10	86.0	62.9	1.00	全充填	80.0
CH2	21.60	59.0	330.50	92.0	64.3	14.04	全充填	82.5
CH3	17.60	69.2	286.84	92.8	72.5	0.30	全充填	92.2
CH4	19.05	83.7	266.72	92.2	77.6	6.76	全充填	90.9
CH5	35.10	68.4	162.75	95.2	80.5	0.82	全充填	88.9

在浅部多处(每孔)揭露有水泥浆结石充填胶结物,结石体固结较好,见结石体最多的为 CH2 孔,有 9 处,见图 6-11。在 5 个检查孔施工中有两个孔(CH2、CH4)遇见大的溶洞未揭露完整水泥灰芯结石,但被溶洞充填物充填密实,压水不漏水。另有一个(CH1)钻进中有一处(井深 245.10m)在裂面出现漏水,CH3 孔见到 4 段石英闪长岩穿插其中,但胶结紧密,岩石完整。

图 6-11 CH2 溶洞处充填的水泥浆结石体

(1)检查孔压水试验。

5个检查孔共进行了72段压水试验,为灌浆总段数的6.7％。检查孔与相邻孔的压水试验成果对比可以看出;5个检查孔中小于2Lu值的孔段为71段,占检查孔试验段总数的98.6％。压水试验结果显示仅有1段透水率超过2Lu,该段为CH1孔的229.95～247.23m段,透水率为5.632Lu,是透水率最大值。CH1全孔厚度加权平均透水率为0.539Lu,5个检查孔厚度加权平均透水率为0.316Lu,注浆质量符合要求。

(2)浆液结石体物理力学性能。

为了解检查孔浆液结石体的物理力学性能,将检查孔中取出的水泥灰芯结石体取样进行抗压强度试验,其试验结果如表6-9所示。

表6-9 检查孔水泥灰芯结石体试验成果统计表

岩样编号	取样位置/m	含水状态	试样尺寸/cm		极限荷载/kN	抗压强度/MPa	平均抗压强度/MPa	备注
			直径	高度				
CH2-2-1	149.0～152.60	饱水	4.8	8.3	47	26	19.1	溶洞充填
CH2-2-2	149.0～152.60	饱水	4.8	7.6	22.2	12.3		
CH3-1-1	17.27～17.60	天然	7.2	10.1	76	18.7	18.7	接触带充填
CH4-3-1	78.30～79.60	天然	6.7	11.3	80	22.7	21.2	溶洞充填
CH4-3-2	78.30～79.60	天然	6.7	11.4	74	21		
CH4-3-3	78.30～79.60	天然	6.7	6.5	70	19.9		
CH5-3-1	121.12～121.3	天然	7.1	9.7	182	46	46	裂隙充填

从表6-9可以看出,在检查孔中所采取的浆液结石体,因受到浆液压力的压实挤密作用,其抗压强度在12.3～46.0MPa之间,平均抗压强度为26.24MPa,反映出结石体强度高,能满足帷幕墙体强度要求。

2)主竖井抽水试验分析

施工结束后,采用两台250QJD140-315深井潜水泵(每台额定流量为140m³/h)进行大型抽水试验,采用电测水位计观测水位,矩形堰(底宽70cm)观测流量。分别采用解析法(大井法)及单位涌水量法估算-205m标高的地下水径流量,将解析法(大井法)计算的结果与单位涌水量法计算的结果进行比较,单位涌水量法计算的结果比解析法(大井法)计算的结果小,相对误差为16.81％。考虑到鲤泥湖矿区水文地质条件的复杂性及季节变化等影响因素,取大井法计算的结果5583m³/d作为帷幕堵水率计算的依据。矿坑-205m标高涌水量由注浆前预测的涌水量20 497m³/d减少到5583m³/d,减少了14 913m³/d,堵水率为72.76％,满足设计要求。

(三)水玻璃-水泥尾砂浆的应用

1. 工程概况

湖北省大冶市大红山(石头咀)矿为一中型储量规模的铜铁矿床,位于大冶市城区西南约

1.5km 的大冶湖畔。2003 年 4 月 11 日春华公司在 -130m 处盲竖井施工过程中,于 -166m 处揭露了地下水突水点造成井下大量涌水。短时间内地下水水位急剧下降,引发了较大范围、较大规模的地面塌陷,大量鱼塘、农田被破坏,武九铁路复线勘察路基已产生塌陷,塌陷范围向市六中逼近,相距已不足 100m。因此,研究矿区水文地质条件,进行防治水势在必行。大红山矿业有限公司委托中南勘察基础工程公司进行帷幕注浆防治水设计和施工,帷幕注浆防治水工程要求堵水率达到 60% 以上。

帷幕结构形式为半封底式防渗帷幕,幕底设在下部弱含水层(Wb7)中,允许地下水沿弱含水层向开采区渗流,帷幕深度标高为 -320m。注浆孔的布置形式为单排孔等距离布置,勘察孔孔距 40m,注浆孔孔距 10m。注浆方式采用孔口封闭,孔内循环,自上而下分段注浆。遇较大溶洞或裂隙时,采用自流式注浆法,对岩溶管道流及动水条件下拟采用水玻璃-水泥尾砂浆双液注浆。

2. 矿区水文地质

1)地形地貌

矿区位于大冶湖南缘与丘陵地带交汇处。矿区内地形、地貌因采矿引起了较大的变化,经露采后已形成了一个露采坑,露采坑东西长 600m,南北宽 330m,近似腰子形,面积 0.198km²,坑顶标高一般在 15.47~20.22m 之间,东南角地形较高,在 26~38m 之间,坑底标高为 -50m,采坑边坡约 45°。位于湖区东南部、南部中低山区的石炭系、二叠系、三叠系碳酸盐岩地层出露地表,为区内主要含水层,裂隙岩溶发育,其形态有溶洞、溶沟、岩溶洼地及天然井等,地形侵蚀切割强烈,地表具有良好的渗透条件,有利于接受降水补给,为区内地下水的主要补给区。地下水总的流向是由南向北,受区域条件的控制。矿区东部大理岩直插湖底,往北西延伸与矿区大理岩相连,为矿床开采时矿坑充水动储量的主要补给来源。

2)含水层之间水力的联系

湖区大理岩直接伏于第四系湖积黏土与砂砾石层之下,浅部大理岩岩溶、裂隙发育。甚至有些地段大理岩溶洞裂隙与上覆砂砾石孔隙含水层(Wb3)直接连通,为统一的承压含水层,水力联系较为密切。砂砾石层以上的湖积黏土层,其上部黏土孔洞发育,而下部黏土相对隔水,因此,在正常情况下,大理岩岩溶含水层与上部黏土孔洞含水层之间的水力联系微弱,但在中心河附近,因黏土变薄,且多因相变成较薄的黏土和细砂互层,局部地段相变为亚黏土,使隔水作用减弱,成为湖(河)水与地下水相互连通的有利地段,洪水期矿区地下水与湖区有一定的水力联系,即湖水将渗透补给地下水,枯水期河水与地下有微弱的水力联系。

3)矿区地下水径流与补给

勘探报告中群孔抽水试验等水位线资料表明:等水位线向北,向东方向稀疏,水力坡度平缓,连通性较好;向北东方向曲线密集,水力坡度较陡,连通性较差。东南方向沿接触带降落漏斗等水位线密集,该方向由于岩浆岩的穿插作用使其连通性很弱。矿区群孔抽水资料说明沿北接触带和东部岩溶、裂隙发育程度及富水性较强,连通性较好,是地下水动储量补给的有利地段,而北东、东南方向则是富水性、连通性较差的地段。

补充水文地质勘探报告根据水位观测记录绘制的等水位线图及地下水动态长观曲线图

认为:在北东方向的观7和观9之间,水位下降幅度较大,等水位线稀疏,反映出良好的连通性;在观2与观3、观11沿北部接触带附近也有良好的连通性。矿床地下水补给方向主要接受来自北东方向外围大理岩含水层的补给。以北东部外围大理岩的来水代替了勘探报告所提的两个来水方向。北东东方向应为以管道流为主的地下水主要径流带,北部沿接触带附近为地下水次主要径流带,其他方向因连通性较差,地下水径流条件相应也较差。

3. 注浆材料、浆液配制及物理力学性质试验

1) 注浆材料

帷幕注浆浆液采用水泥尾矿砂浆和水泥黏土浆,添加2%~3%水玻璃速凝剂。对大型溶洞或动水条件下,采用水玻璃-水泥尾砂浆双液注浆。

2) 浆液配制及物理力学性质试验

根据本工程的特点,岩溶裂隙发育,注浆耗浆量大、地下水流速比较大,有时需采用水泥尾矿砂浆和水玻璃双液浆注浆。控制和掌握双液注浆凝胶时间是主要因素。水泥尾矿砂浆和水玻璃的配比试验成果见表6-10和图6-12。

表6-10 水玻璃、水泥尾矿砂浆双液浆配比试验成果表

序号	水泥尾砂浆 cm³	水玻璃量 g	水玻璃量 cm³	水玻璃与水泥尾砂浆的体积比	水玻璃占水泥浆液体积的百分数/%	凝胶时间
1	500	7.92	5.74	0.011:1	1.1	1′2′54″
2	500	13.20	9.57	0.019:1	1.9	33′52″
3	500	15.84	11.48	0.023:1	2.3	16′31″
4	500	27.60	20.00	0.040:1	4.0	10′21.37″
5	500	34.50	25.00	0.050:1	5.0	3′28.72″
6	500	51.75	37.50	0.075:1	7.5	28.5″
7	500	69.00	50.00	0.100:1	10.0	20.06″
8	500	103.50	75.00	0.150:1	15.0	25.51″
9	500	138.00	100.00	0.200:1	20.0	29.29″
10	500	207.00	150.00	0.300:1	30.0	27.54″
11	500	276.00	200.00	0.400:1	40.0	32.25″
12	500	345.00	250.00	0.500:1	50.0	46.42″
13	500	414.00	300.00	0.600:1	60.0	48.57″
14	500	483.00	350.00	0.700:1	70.0	1′7.32″
15	500	552.00	400.00	0.800:1	80.0	1′33.26″
16	500	621.00	450.00	0.900:1	90.0	1′51.32″
17	500	690.00	500.00	1:1	100.0	2′14.56″

注:水泥采用P.O32.5普通硅酸盐水泥;水玻璃模数为3.14,浓度为35.1波美度;水泥尾矿砂浆水固比为0.6:1。

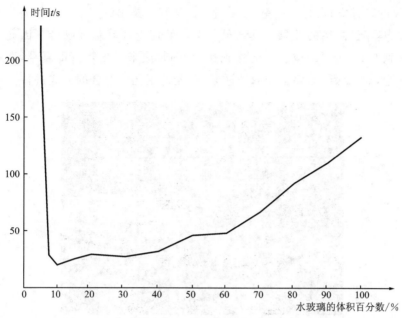

图 6-12　水泥尾砂浆中水玻璃含量与凝结时间关系图

从图 6-12 中可以看出,在水固比已经固定的水泥尾矿砂浆中加入水玻璃,最初浆液凝胶时间随着加入水玻璃的增加而逐渐缩短。当超过一定比例值以后,则浆液凝胶时间随着加入水玻璃量的增加,转变为逐渐加长。凝结转折点比值在 7.5%～15% 之间,凝胶时间最短比值为 10%,凝胶时间仅为 20s。该试验成果有效地指导了双液注浆工作。

4. 水玻璃-水泥尾砂浆双液注浆

大红山矿注浆段岩溶裂隙的发育情况、地下水的渗流速度、受注对象的空间大小及其连通性的差异是千变万化的,要取得最佳效果,必须根据实际情况,认真地控制好每一段的注浆过程。特别是遇到溶洞高度大于 1m 的溶洞、岩溶裂隙发育地段,或因矿坑排水,地下水流急的地段,由于溶洞空间大,裂隙连通性好,极易发生大量吃浆的现象。所采取的主要措施有以溶洞底板作为注浆段的下限、压缩注浆段段长、降低注浆压力、孔口自流注浆、投放惰性粗骨料、限制进浆量、间歇注浆、水玻璃双液浆等措施。上述方法视具体情况,有时单独使用,有时联合使用。

在岩溶特别发育地段,若采用普通注浆方式注浆,可能送进孔内的浆液根本没来得及初凝,就被地下动水带走了,从而达不到封堵裂隙的作用,如 ZK8 号孔 110～140m 段,注浆 22 次,注浆量达 1000 多立方米,最后采用了三泵双液注浆取得了较好的效果。

1) 双液注浆现场试验

在室内试验的指导下,进行了现场双液浆试验。理论上,现场输送水泥尾砂浆和水玻璃的泵量分别为 180L/min、52L/min,从表 6-10 可以查到凝胶时间为 30s 左右,送浆管采用的是 $\phi42mm$ 钻杆(管容约为 1.38L/m),由以上数据可以得出,混合后的浆液将能在孔内运行 $\frac{180+52}{2}L \div 1.38L/m \approx 84m$。

从图 6-13 可以看出,当管道加至 100m 长时,经管道挤出的浆液已不具备流动性,不能很好地进入裂隙,达不到封堵的效果。其结果与上面的理论计算基本吻合。因此,混合好的浆液最远能输送到 90m,再深的位置将无法到达,否则浆液未送出管道即凝结,造成管道堵塞、设备破坏等问题,如果深部需要采用双液注浆,只能选用孔内混合的方式进行。

图 6-13　现场双液注浆试验

2)孔口混合式双液注浆

这个混合方式是最常用的,也是效果比较理想、易于操作的双液注浆方式。采用两个注浆泵配合使用(一个送水玻璃,一个送水泥尾砂浆),孔口加设一混合器(目前也可选用双液注浆泵,视施工条件而定),使两种浆液能在此进行混合,混合好的浆液在压力作用下,经送浆管道输送至漏水位置,在很短时间内可以初凝,从而达到堵漏的目的。安装示意图如图 6-14 所示。

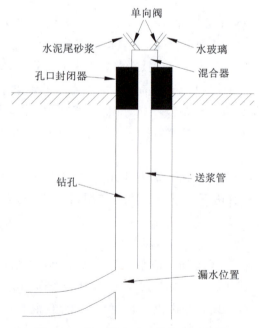

图 6-14　孔口混合式双液注浆示意图

孔口混合式双液注浆效果好,操作简单,但是在施工过程中需要注意以下几个问题。

(1)由于浆液是先混合,然后进行输送,因此在注浆过程中,在保证供电、供浆的同时,注浆泵也不允许出任何问题,即便是短暂的暂停也是不允许的,否则将会导致整条送浆管道堵死,注浆失败。

(2)由于浆液在孔内凝结时间很快,有时会出现压力陡升的情况,这需要现场技术员根据具体情况做出判断,是否需要更换浆液配比或者是停止双液注浆。

(3)在结束时,一定要先关闭水玻璃泵,而后等水泥尾砂浆把管内的混合浆液完全送出管道后,才能停止送浆。

3)孔内混合式双液注浆

部分孔段在较深处的岩溶裂隙仍很发育,比如 ZK4 号孔在井深 296.42m 见一洞高为 6.82m 的溶洞,ZK9 在井深 196.42m 见一洞高 11.74m 的溶洞,K24 号孔在井深 348.94m 见一洞高 1.20m 的溶洞。考虑到岩芯破碎,孔壁是不完整的,而且裂隙的发育不光是水平方向,也有垂直方向发育的裂隙。如果使用孔内混合器的话,将会产生浆液绕过混合器跑到钻孔上面来的现象,造成埋管事故,由于孔内带有混合器,事故处理的难度会比较大。为此考虑到利用钻孔自身的特点,把它作为一个"送浆管"输送水泥尾砂浆,孔内下 $\varphi 42mm$ 钻杆用于送水玻璃,使水泥尾砂浆和水玻璃在孔内某深度进行混合,混合后的浆液将在孔内运行一段距离,进入裂隙后,很快凝结,从而实现双液注浆,如图 6-15 所示。

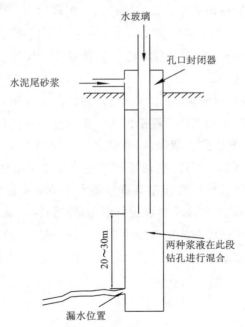

图 6-15 孔内混合式双液注浆管路安装示意图

ZK8 号孔在 110~140m 段吸浆量较大,基本上常见的注浆方式都用过了,可是效果仍然不明显,最后采用了孔内混合的三泵双液注浆(两个泵送水泥尾砂浆、一个泵送水玻璃)实现了封堵效果,使该孔段得以顺利通过。

用这种方式进行双液注浆,在操作过程中要注意以下几个问题。

(1) 水泥尾砂浆与水玻璃的混合情况将极大影响双液注浆效果,因此 φ42mm 送浆管下至的深度就显得尤为重要。在注浆前,技术人员需要准确掌握钻孔漏水位置。根据本工程经验,送浆管一般下至高出漏水位置 20～30m 处。

(2) 为了改善混合效果,将 φ42mm 钻杆底部封死,在底部钻杆壁四周钻小眼,让水玻璃从四周喷射而出,用以增强水泥尾砂浆与水玻璃的混合效果。

(3) 在注浆过程中,现场技术员需要根据孔口压力表指示,判断孔内情况。一般来说,若压力值很小,则可以将 φ42mm 钻孔上提 1～2 根;若压力值很大,则有可能孔内架桥,需处理好后方可继续注浆。

第六节 小 结

地下水防治工作是在水患机理分析和监测预警的基础上,根据充水水源、通道和水量大小的不同,分别采取不同的防治措施。矿山地下开采水患的防治方法,归纳起来有地面防治水、井下防治水、疏放排水、带压开采、注浆堵水等。其中,注浆材料是注浆堵水和加固工程成败的关键因素。

本章对注浆堵水技术进行了重点研究。首先通过对不同配比的水泥黏土浆、水泥尾砂浆、水泥-水玻璃双液浆的浆液性能进行了试验。然后通过不同的浆液材料在安徽省黄屯硫铁矿、大冶鲤泥湖矿、大冶大红山矿帷幕注浆堵水的应用可知:在以微细裂隙为主的地区宜注浆浆液宜采用水泥黏土浆,根据注浆前段次的透水率浆液水固比可选用 3:1、2.5:1、2:1、1.5:1、1.2:1、1:1 6 个级配;在岩溶裂隙地区注浆浆液宜采用水泥尾砂浆,根据注浆前段次的透水率浆液水固比可选用 2:1、1.5:1、1:1、0.8:1、0.6:1 5 个级配;在大的空洞地区注浆浆液宜采用水泥-水玻璃双液浆,在水固比已经固定的水泥尾矿砂浆中加入水玻璃,最初浆液凝胶时间随着加入水玻璃的增加而逐渐缩短。当超过一定比例值以后,则浆液凝胶时间随着加入水玻璃量的增加,转变为逐渐加长,凝结转折点比值在 7.5%～15% 之间。此外,经过检验、测试可知,各种浆液结石强度、抗渗能力均能满足帷幕墙体强度和抗渗性能的要求,对不同类型地下水害的注浆堵水材料选型具有重要参考价值和借鉴意义。根据地下水水患充水通道的不同类型,选择恰当的注浆材料进行应用,经过检验、测试可知,其浆液结石强度、抗渗能力均能满足帷幕墙体强度和抗渗性能的要求,对不同类型地下水害的注浆堵水材料选型具有重要参考价值和借鉴意义。

主要参考文献

白继文,李术才,刘人太,等,2015.深部岩体断层滞后突水多场信息监测预警研究[J].岩石力学与工程学报,34(11):2327-2335.

白利平,王业耀,王金生,2009.基于数值模型的地下水水位预警体系研究——以临汾盆地为例[J].中国地质,26(1):8.

陈公信,金经纬,等,1996.湖北省岩石地层[M].武汉:中国地质大学出版社.

陈勤树,1993.我国矿区注浆帷幕截流技术的研究与应用[J].矿业研究与开发(S2):8-18.

程裕淇,1994.中国区域地质概论[M].北京:地质出版社.

代革联,2016.矿井水害防治[M].徐州:中国矿业大学出版社.

冯东梅,吴健伟,2017.矿井突水水源的SVM识别方法[J].辽宁工程技术大学学报(自然科学版),36(01):23-27.

高延法,1999.底板突水规律与突水优势面[M].北京:中国矿业大学出版社.

龚嘉临,朱松,李非里,等,2017.基于有限差分模型模拟地下水-湖泊相互作用的研究[J].环境科技,30(3):64-69.

胡中信,薛怀军,穆月祥,2006.同位素技术在矿井水防治研究中的应用[J].煤炭工程(11):48-50.

湖北地质矿产局,1990.湖北省区域地质志[M].北京:地质出版社.

虎维岳,2005.矿山水害防治理论与方法[M].北京:煤炭工业出版社.

黄树勋,1993.我国金属矿山防治水技术的现在与未来[J].长沙矿山研究院季刊(1):41-45.

贾思达,2019.三江平原松花江—挠力河流域地下水与地表水转化关系研究[D].长春:吉林大学.

蒋辉,郭训武,2007.专门水文地质学[M].北京:地质出版社.

焦保国,2014.矿井突水灾害预警系统的设计与实现[D].大连:大连理工大学.

李白英,1999.预防矿井底板突水的"下三带"理论及其发展与应用[J].山东矿业学院学报(自然科学版)(04):11-18.

李峰,2010.典型矿山地下水环境的评价与安全防治技术研究[D].长沙:中南大学.

李学渊,2015.基于RS/GIS的矿山地质环境动态监测与评价信息系统[D].北京:中国矿业大学(北京).

李扬,王丽满,田浩毅,等,2017.淮河流域河南平原区河流与地下水的相互影响[J].华北水利水电大学学报(自然科学版),38(1):36-40.

刘霁茗,2017.降雨作用下喻家坪滑坡变形过程及破坏机理研究[D].成都:成都理工大学.

刘埔,2012.矿井突水的水文地质结构模式研究[M].徐州:中国矿业大学出版社.

吕康林,唐依民,1991.湖北松宜矿区地下水系统分析及其防治水意义[J].中国岩溶,10(4):8.

许世华,2002.矿井水的来源及其防治措施[J].矿业安全与环保,29(B06):4.

欧阳仕元,时永桂,曹文生,2015.凡口铅锌矿区地下水自动监测预警系统开发[J].金属矿山(04):267-272.

秋兴国,王瑞知,张卫国,等,2020.基于PCA-CRHJ模型的矿井突水水源判别[J].工矿自动化,46(11):65-71.

施龙青,2009.底板突水机理研究综述[J].山东科技大学学报(自然科学版),28(03):17-23.

隋旺华,王丹丹,孙亚军,等,2019.矿山水文地质结构及其采动响应[J].工程地质学报,27(1):21-28.

唐守锋,2011.基于声发射监测的矿井突水前兆特征信息获取方法的研究[D].徐州:中国矿业大学.

万天丰,2011.中国大地构造学[M].北京:地质出版社.

王心义,等,2011.专门水文地质学[M].徐州:中国矿业大学出版社.

王益伟,2014.大水矿山地下水致灾机理及防治研究[D].长沙:中南大学.

王永军,2018.水文在线监测系统在锦界煤矿的应用[J].工矿自动化,44(10):90-93.

王志荣,石明生,2003.矿井地下水害与防治[M].郑州:黄河水利出版社.

魏久传,肖乐乐,牛超,等,2015.2001—2013年中国矿井水害事故相关性因素特征分析[J].中国科技论文,10(3):336-341,369.

武强,2014.我国矿井水防控与资源化利用的研究进展、问题和展望[J].煤炭学报(5):795-805.

邢玉忠,张俭让,2017.矿井灾害防治[M].徐州:中国矿业大学出版社:302-324.

徐磊,李希建,2018.基于大数据的矿井灾害预警模型[J].煤矿安全,49(3):98-101.

许金宝,2012.矿井水仓水位监测监控系统设计及应用[D].葫芦岛:辽宁工程技术大学.

杨天鸿,唐春安,谭志宏,等,2007.岩体破坏突水模型研究现状及突水预测预报研究发展趋势[J].岩石力学与工程学报(2):56-65.

于大河,2018.营城煤矿技术改造项目安全风险管理研究[D].长春:吉林大学.

张春霞,2004.矿井水文地质信息管理与水害预测系统[D].青岛:山东科技大学.

张洪姣,2012.矿井突水三维可视化应急辅助救援信息系统研究[D].长沙:中南大学.

张杰,2009.振兴二矿底板突水危险性预测研究[D].焦作:河南理工大学.

张三定,朱红霞,王胜波,等,2019.武汉城市表层岩溶带地下水特征研究[J].地下空间与

主要参考文献

工程学报,15(S1):157-164.

张文泉,2004.矿井(底板)突水灾害的动态机理及综合判测和预报软件开发研究[D].青岛:山东科技大学.

张耀辉,张海波,2016.矿井防治水技术研究现状及展望[J].煤矿安全(4):195-198.

赵彪,2019.三角形河床影响下的潜流交换数值模拟研究[D].西安:西安理工大学.

赵作鹏,宗元元,2015.面向矿井突水避险的双向搜索多最优路径算法[J].中国矿业大学学报,44(3):590-596.

中国煤炭工业劳动保护科学技术学会组织,2007.矿井水害防治技术.北京:煤炭工业出版社.

中国冶金地质总局中南地质调查院,2021.武钢资源集团大冶铁矿有限公司大冶铁矿矿区水文地质补充勘察报告.[R].武汉:中国冶金地质总局中南地质调查院.

中南勘察基础工程有限公司,2010.黄石地区矿山水患安全治理综合研究报告[R].武汉:中南勘察基础工程有限公司.

朱红星,2018.城市地区地表水与地下水交互转化关系分析研究[D].武汉:华中科技大学.

Álvarez R, Ordóñez A, De Miguel E, et al., 2016. Prediction of the flooding of a mining reservoir in W Spain[J]. Journal of Environmental Management, 184:219-228.

Álvarez R, Ordóñez A, García R, et al., 2018. An estimation of water resources in flooded, connected underground mines[J]. Engineering Geology, 232:114-122.

Wang Y, Yang W, Li M, et al., 2012. Risk assessment of floor water inrush in coal mines based on secondary fuzzy comprehensive evaluation[J]. International Journal of Rock Mechanics and Mining Sciences, 52:50-55.